國宴 與 家宴

王宣一

朱守谷——繪圖

文学森林系列

目次

序一 認真請客——側記《國宴與家宴》作者王宣一 詹宏志 5
序二 廚房裡的身影 王定一 21
序三 吃這本書——回憶宣一寫做菜 張北海 27
自序 廚房裡的光陰的故事 39
國宴與家宴 51
學做菜 123
陽光 貓與火腿 147
母親與西瓜 163
隱藏的滋味——江浙菜 175
附錄 重現 國宴與家宴 詹宏志

序一
認真請客
——側記《國宴與家宴》作者王宣一

詹宏志

《國宴與家宴》一書的起頭來自於作者王宣一發表在《中國時報》人間副刊的一篇同名文章，文長約二萬五千字，從報紙副刊的標準看，算是很長的文章了，所以必須分好幾天連載。

作者的原意本來是寫一篇懷念母親的文字，但文章在報紙上還沒有刊完，宣一卻意外地開始接到一連串的電話，這些電話改變了作者原本自己的人生計劃，也改變了她在人們心目中的定位與印象。

電話的內容其實各不相同，有的是出版社打來的，問她要不要出版食譜書；也有的是讀者打來的，要問某道菜的詳細做法；更有的是熟朋友打來的，那是來討食的，說某道菜你已經好久沒有做了；或者是來算帳的，說為什麼某道菜你從來沒請我吃過；當然還有更令她意外的電話，有的是大飯店打電話來要她去擔任美食顧問，有的是電台和電視的美食節目想邀請她上節目，餐飲競賽也邀請她去做評審，而幾個知名雜誌則邀請她去寫美食專欄……

這些電話多半讓宣一感到困惑而且困擾，她是辭去新聞工作後才起步很晚地開始文學創作，曾經是五本小說集（長篇或短篇）的作者，也得過一些文學獎，但寫〈國宴與家宴〉時她已經停止了小說創作有一段時間，大概是對文學生涯感到灰心失望，對文學圈子裡的虛矯與相輕也有一種格格不入的疏離感。而這篇文章完成的時候，她的母親也已經過世多年了，在一次兄弟姊妹與親人的聚會當中，她突然想起她那位豁達獨立卻又從容大器的母親，懷念起從前環繞著母親的那些日子以及已然消逝的某種生活氛圍，她提筆記錄了那個時代與那樣的生活；正因為母親是一位持家的家庭主婦，這些紀錄乃就圍繞著平凡生活的廚房與宴客。本來想寫時代與生活，無意間竟同時記錄了廚房裡的飲食風景，連帶觸動了許多同樣緬懷昔日生活景觀與飲食滋味的讀者，但這並不是作者的自我認知或創作原意，所以她才對這些電話感到意外。

一開始她大概是委婉推拒了所有這些的「美麗誤會」，有一次她甚至不無抱怨地跟我苦笑說：「怎麼（在別人眼中）就變成了一個煮飯的呢？」但這些邀約鍥而不捨，有些還是來自於她頗敬重的編輯與朋友，這就慢慢改變了她的心意；而對於飲食生活及其文化，她也頗有自己的想法與做法，因此她先接受了部分邀請，寫了一些其他的飲食回憶，有的是關於童年往事的美食風景，有的則是討論江浙菜的幽微特色與文化傳承，這些文章集合起來，就成了《國宴與家宴》這本書。

出書時，應編輯的建議與要求，她也寫下了十一道菜的食譜（後來她在簡體字版裡拿掉一道和江浙菜無關的食譜，剩下了十道），透露她親身實踐的一面，或者可以視為她對做為一個「煮飯的」身份的新認同。書在二〇〇三年出版了台灣版，二〇〇五年出版了大陸的簡體字版，兩岸都有一些喜歡她的讀者。她也漸漸有種領悟，注意到自己的獨特天份與出身機運，這才慢慢對飲食文化與做菜實踐都積極起來。

宣一的母親許聞龢女士（一九一四—一九九五）出生於杭州，杭州許家是來自浙江海寧的一個名門世家，歷史悠久，名人輩出，與金庸（查良鏞）的查家及徐志摩的徐家，也都有世交或姻親的關係。出自望族的宣一母親，儘管來到台灣時家道已經遠不如前，但她對飲宴酬酢的講究與體會仍然維持一種細膩雅緻與大方氣派的特質。她主中饋的家庭仍然有大大小小的宴會飯局，這些宴會有時候是「大人之宴」，那是父親在工作上與賓客的正式應酬，菜色有時也不乏海派的高貴材料，小孩子就戲稱那是「國宴」；而更多的飯局是親友與小孩的歡聚，氣氛上也輕鬆隨意許多，小孩子也就稱之為「家宴」。不管是國宴或家宴，宣一母親也總是全力以赴，總有各種美食佳餚源源不絕上桌，總要讓大人小孩都感到高興開心。

也許正所謂「吃要三代」，出身世家的宣一母親對菜餚味道的敏感與手藝的精巧，在同輩家庭中顯然是特別出色的，而從小跟隨著母親在廚房裡動手幫忙的女兒們也自然地繼承了味覺與手藝。有母親不經意傳承下來的飲食傳統，王宣一年輕時就是朋友當中的大廚師與「請客者」，她好像是隨時可以整治一整桌菜餚宴請朋友的人，而且菜色豐富，除了簡單的家常菜餚之外，餐桌上也常有幾道大方氣派的大菜。但就像她母親的做菜一樣，這些手藝並非刻意學來，那是家庭生活裡的自然浸染，生活中每日吃飯，家庭主婦每日做菜，做的菜無非就是她的出身來歷，以及她自己後來的生活體會與創造的巧思。

年輕的時候，我們剛組成新家庭，宣一和我兩人都在報社工作，我的工作更是那種必須跟各種作家或創作者打交道的藝文編輯；我的好客和活動力帶給家中川流不息的朋友與賓客，宣一常常是那位要張羅眾人吃食的宴會女主人。不管朋友出現的時間是多麼的不合宜，她在冰箱翻一翻，總能看似不費力氣地端出讓大家滿意的正餐、點心或宵夜。我有一次寫文章提到這樣的經驗：

記得九〇年代初楊德昌在拍《牯嶺街少年殺人事件》的時候，常常收工後跑來找我，心情好就來說他的發現與體悟，心情不好就來跟我罵甲批乙，但大多是半夜時光。我一面打著哈欠爬起來開門，宣一也跟著起來問楊德昌和同來的人吃飯沒有，楊德昌永遠露出無辜的眼神說還沒，宣一就留下我們去廚房張羅，總能有一碗香噴噴的湯麵加上幾個小菜，或者竟煮一鍋稀飯配上一桌子菜來。如果不是吃飯時間，她也會端出各式各樣的水果或零食、點心來，不會讓我們有沒事做的時候。

我們本來把宣一的做菜本事視為理所當然，那不過是身邊能幹女性的一個例子，等到〈國宴與家宴〉刊登出來，我們才意會到這是一個文化傳承。她，王宣一，和她的母親許聞龢，同屬於這個「認真請客」的傳統。

如果容許我對這個文化傳統強做解人，用我三腳貓的社會學與人類學知識附會一番，我會說，「宴客」本來就有「所得重分配」的社群精神，those who have 有義務要請 those who have not，經濟上「過得去」的人有義務要請經濟上較艱難的親友，而這宴客的「義務」固然可以只是個「居高臨下」的救濟形式，但也可以有「認真對待」的誠懇與殷勤。當然，宴客並不是單向的，它也是雙向「禮尚往來」的；你的努力真誠帶來另一個真誠努力的「回報」，平日我們相互請客，連絡感情，危難時刻這就變成一個相互接濟的「社會安全體系」了。

「認真請客」要向賓客與朋友傳遞一個訊息，我真心真情，盡我所有與所能，希望你得到一個美好的對待，回家也津津樂道，不會輕易忘懷。為了要「認真請客」，宴客者要跑三個菜市場，花費三、四天準備，每道菜餚都盡心盡力，從外觀到滋味都求其完善，又要宴客氣氛舒適融洽，賓主盡歡，幾年後大家提及那場宴會都還懷念不已。宴客的成功關鍵，並不是依賴有高貴食材、罕得佳釀（有當然也不妨事），而是主人奔走之熱忱與投注之心力。我們台語裡稱宴會之豐盛為「切抄」，有次一位前輩說這個詞應是「妻操」，因為豐盛宴席仰賴女主人的辛勞；但我總覺得「妻操」兩字太不雅馴，恐怕日本人保留下來的用語「馳走」才是正解。辦一個宴席跑三個菜市場採買，不是「馳走」是什麼呢？

《國宴與家宴》一書出版之後，作者王宣一的確走進生命中另一種階段，她一方面接受號召成為一個（她本來有點抗拒的）「美食作家」，開始在雜誌上撰寫「餐廳評論」的專欄，展開生涯的另一場冒險；另一方面，她也開始反省自己的宴客型態與做菜內容，細心考量宴客的本意與可能性，重新挑戰自己「認真請客」的能力與境界。

我有幸目睹作者人生這段時日的變化與心情，也許可以為她歸納一些特性與心得。

先說美食作者這部分吧。宣一先是接受了《中國時報》人間副刊的邀請，撰寫「三少四壯」專欄，寫的大部分是她的美食經驗與她對飲食文化的看法與意見；緊接著她又接受了《商業周刊》的邀請，兩週一次，寫她的「美食發現」，也就是街頭巷尾的「餐廳評論」。美食見解的副刊專欄讀後有同感或異見的讀者當然也有，但那是純粹的「心智交流」；寫「餐廳評論」就不同了，那是人人可以去吃、去驗證、去點頭按讚，甚至是提出完全相反經驗、一翻兩瞪眼的「對抗」。

我曾經在《印刻文學生活誌》紀念王宣一的專輯裡記錄她的工作態度與工作方式：

> 寫實際正在營業的餐廳其實頗有風險，因為有些餐廳未必穩定，也有時會對寫作者「另眼相看」，使評論者吃到的和一般大眾並不相同，或者餐廳認得你，讓你有人情包袱，這些都是影響你公信力的種種陷阱。……宣

一很小心，她顯然有些內心的原則，她儘量不讓餐廳（或其他食材店）認得她，總是默默來去；她也希望她介紹的餐廳有一定的穩定性，每次她篩選過後（不合格的當然就淘汰了），總要連續去個幾次，確定它每次的水準是接近的，她才肯寫它們。在她篩選期間，她會找各種朋友一起去吃，但到了確定穩定性的時候，常常工作就落到我頭上；有時候我必須一週內連續去一家餐廳三次，有些菜點的一樣，有些則點的不同，但每次她都想多試幾道，我們根本無法消化，最後打包回家，就成了我後來幾天的中午便當。她因而嘲笑自己是「吃飯工作者」，的確是不輕鬆，荷包與健康都要付出代價。但她喜歡支持那些認真做菜的小店，她覺得那才是大家日常生活依賴的食堂，大飯店偶而才去吃，好吃是應該的，並不值得特別推薦。……專欄一寫數年，最後成書兩本，分別是《小酌之家》和《行走的美味》，出書之前她請從前同事編輯朋友幫她核對資料，一家一家打電話，把住址、電話、營業時間都求證清楚，才編輯出版；出書後她又一家一家去送書，謝謝它們讓她有機會寫它們，店家多半這個時候才知道她就是那個專欄的作者⋯⋯。

可能是她求知態度的嚴謹認真以及她品味判斷的洞察平衡，她的「餐廳評論」為她帶來許多忠誠的追隨者與認情的新朋友，工作雖然辛苦，她倒也感覺很值得；尤其是有幾家原來經營辛苦的無名餐廳、餅店或攤販，經過她的品題推薦，變成了熱門名店，大排長龍，而如果那些店家成名後仍然兢兢業業、不改初衷，她就很為這些認真的飲食工作者感到高興⋯⋯。

再說她自己的宴客實踐吧。當她重新記錄了母親從容大度的宴客氣派之後，她自己也反省了自己的態度與方法。一方面，她要重新追求母親宴客時的認真態度以及優雅儀態；另一方面，她也要思索怎樣給新時代的宴客一些新的元素和內容。

二〇〇五年以後，我離開出版業，生活起了變化，我的活動力和生活圈變小了，節奏變慢了，我自己也變得愛動手做菜，共同宴客變成了我們家庭裡的另種生活重心與樂趣。

宣一的請客變認真了，每一次親人或好友相聚，她都要全力以赴。宣一開始不只是做菜煮飯，而是考量宴客的表現細節。菜色除了她家傳的經典菜餚，她應該如何加入世界性的主題或混搭的樂趣。她也要想來客是誰，他們的興趣與經驗是如何，如果他們是日本人，或者他們是法國人，他們會怎麼理解她所準備的食材與菜色？他們當中是否有吃素或不吃牛肉的朋友；上菜順序該如何（特別是呼應他們的飲食習慣，如果他們來自遠方）？器皿擺盤該如何（為此她四處收集餐具，特別是各式各樣美不勝收的大餐盤）？搭配的酒款該如何（為此我們也收集各種酒款以及做各種搭配的實驗）？

為了認真請客，她也努力拓展自己的做菜範圍，她學習各國料理的技巧，學習一切從原料做起，儘量不用現成東西或半成品。從此之後，宴客變成一場一場的驚奇之旅，不只對客人，對我們做主人的，也是一種學習與摸索的旅程。細節多了當然有一種「馳走」的辛苦，可是收穫也多，每次請客都有「長知識」的快樂。我們常常討論下一次宴會可有什麼樣的主題，還有某道菜可以有什麼改進之處。這些真心對待朋友的請客，後來當然也得到真誠的回報，朋友在國外看到香料想到我們，看到餐盤廚具想到我們，偶獲稀珍食材或美酒也想到我們，這後來就變成「真情與美食的循環」了。

可惜這些「認真請客」的實踐還是時間太短，王宣一通過這十幾年和數百場的宴席摸索，一點一滴建立起她「又古又今」的宴客美學；她的請客有著古典的真誠馳走的情懷，又有著現代的美食視野與不斷伸展的地平線。只是她走得太快太早了，留下愚鈍的我一人，似乎是沒有辦法為她把知識體系給完整展開了⋯⋯。

序二
廚房裡的身影

王定一

我們的小妹宣一生前的兩大最愛：寫作與廚藝。《國宴與家宴》，正好是她這兩種興趣的結合。張北海在《國宴與家宴》原序中說得好：「做菜難，寫作難。就算有母親和經典作品的指引啟發，做菜者和寫作者都難求一夜功成，都是一滴油一粒鹽，一招一式，一個字一個字熬出來的。」宣一終於在經過幾十年在廚房裡一滴油、一粒鹽，在書桌前，一個字、一個字的煎熬後，把廚房裡的光陰的故事寫成此書。

宣一從小喜愛讀書寫作，後來她如願進入中文系，畢業後從事寫作。而經由寫作，她遇到了她的真命天子：讀書如癡、愛書如命、下筆如行雲流水的宏志。三十幾年來，他們一起讀書、談書、寫書、出書，相濡以沫、書香傳家。宏志覺得在她去世一週年時，將《國宴與家宴》重新出版，是紀念她最好的方法。他要我這做大哥的寫一篇新版序言，我應命提筆替這本書，作一些補序。

二〇〇三年，當宣一的《國宴與家宴》出版後，在美食界引起一些騷動，尤其是對書名的好奇，我在此談一談《國宴與家宴》的來源。一九六六年夏，我們的一位表叔由港來台，因知他吃過不少台港有名的餐館，媽媽與佩姨決定親自主廚，在我們家宴請他。當我們將一張六尺的桌面架起，鋪上桌布，擺好杯、盤、碗、筷，看來頗具氣勢，就說這簡直是國宴的排場。自此，凡是宴請外賓，就說「國宴」，自家親友聚餐就稱「家宴」，而被宣一沿用至今。

宣一在《國宴與家宴》中把我們的媽媽（許聞龢）與佩姨（許聞佩）對挑

選食材、處理醬料以及精湛的烹飪廚藝，作了仔細的描述。同時她隨著母親在廚房裡的身影，一邊學會了切、剁、蒸、炒、煎、煮的手藝，一邊享受著伴母做菜的溫馨。

媽媽下葬那天，我們兄妹六人決定用一種非尋常的方式，來紀念她老人家——燒一桌好菜——由三個女兒主廚，每一道菜上桌，都先請佩姨嚐，我們則一邊吃，一邊聽佩姨講評，說出食材醬料的搭配，火候的拿捏，尤其是改進的空間，是我們聽過最好的烹調講評。相信媽媽在天上看了，一定笑著說：「孺子可教焉……」

常聽人說某某人有燒菜的天分，然而宣一認為廚藝是一種對食物尊重的態度。食物亦有魂，你對它好，它自然對你好，變得更為稱心可口。細心挑選食材，是要燒好菜的第一步，千萬馬虎不得。但任何一道菜，選食材、調醬料固然重要，但更重要的是在燒菜時所花的心意。母親故去後，有一次佩姨邀我們去便飯，到她家時、見她正在摘豆芽，只見她聚精會神的一根一根的掐頭去尾，又把韭菜頭尾細心的摘去，只留中間最肥嫩的一段，切成寸把長的小段。大火燒熱油鍋，先把韭菜倒入，用鍋鏟撥兩下，再把豆芽倒入，加入一撮糖、一小撮鹽，再用鍋鏟撥兩下，起鍋。這盤豆芽炒韭菜，到了佩姨手中，卻變得如此的出神入化！是她的天分？或許……但我們認為最重要的是佩姨對廚藝的執著：她把對挑選食材的細心、處理食材的耐心，以及對烹調廚藝的愛心，都融入了那一鏟一撥中。這才是烹調廚藝的最高境界……而在下一輩中，唯有宣一傳承了這份靈氣與執著。

宣一燒的菜中，雖然有許多道菜是媽媽的原版，但是燒煮的過程中，一些步驟是她有系統的改進後加入的。她對食材十分尊重、執著、講究而不做作，用心保持原味。這些年，每次回台，總是看到她與一批「酒肉朋友」們，忙著開發新食材、試做新菜，與人分享。每一次餐敘，宣一不只細心的做菜，而更注重菜餚的選取以及上菜的順序，再好吃的濃味大菜，連上三道，也倒足人的胃口，是以她都將整桌的菜單列出，從酒品、到頭抬、主菜：海鮮、飛禽、走獸、素食的選擇，濃味的主菜後必輔以清淡的小菜或清湯，讓口舌稍息、品一口淡酒、再上下一道大菜。即使水果甜品，都精心的安排、仔細的推敲，務必使會餐口甘舌美、賓主盡歡。我們問她為什麼把自己忙成這樣，她總是樂在其中的說：「沒什麼啦！好菜本來就該與好友共享，燒菜最大的成就感就是有人說好吃。」

近年來、電視上常有廚藝大賽，參賽者各盡所能，爭取冠軍。宣一認為：燒菜廚藝並無誰人最好，哪家第一。各地的菜餚由於環境氣候的不同，再加上歷史的傳承，各有特色：北方菜粗獷、江浙菜細膩；川菜麻辣、台菜清淡，口味不同、各有所長。即使是麵條，有人喜歡寬的，有人喜歡細的；燒的飯，有人喜歡軟黏一點的，有人喜歡顆粒分明的，因人而異、各有所好。即使是餐桌的安排，西式要求一人一份，自取所需、自加鹽料；中式講究圍桌而食，共同舉筷、分享菜餚。方式雖不同，享受美食的目的則一。宣一在〈學做菜〉一文中，列舉了數種蛋炒飯的做法，而她最後的結論是：「什麼才是好吃的蛋炒飯，就是自己堅持的那一種。」

常有朋友要求我們將王府廚藝，寫成食譜。然而光靠食譜，是燒不出可口的佳餚，掌廚者必須全心全意的投入，即使是很簡單的一盤菜，也能烹調出令人驚嘆的美食。宣一在《國宴與家宴》中，只想藉當年跟隨媽媽在廚房裡的身影，寫出這份對美食的追求與對廚藝的執著。現今，宣一也走了，然而在她留下的這一本書中，我們不僅看到了媽媽在廚房裡的身影，同時也看到了宣一在廚房裡的身影……

序三

吃這本書——回憶宣一寫做菜

張北海

做菜和寫作都是創作，從無到有。做菜者和寫作者都因而先要有這份心。再如期望其成果不凡，那這位創作者還需要一股靈氣。

我吃過王宣一做的菜，看過她寫的作品，我敢說她有這份心，也有這股靈氣。

中國有句老話，「五百年可以出現一位聖人，可是不見得會出現一位大師傅」。了解此中道理的人就不難了解，無論聖人多麼難求，大師傅更難得。

當然，這裡指的是創建烹調門派的大師傅。王宣一，就我所知，還沒有打算成為「王家菜」的開山始祖。無所謂，從另一個角度來看，她有她的難得。宣一會做也會寫。

我願意把宣一當作是那種不聲不響，單憑自己的興趣能力而默默耕耘，不求聞達於諸侯，只與知己知音共賞，然而卻在不知不覺之中，繼承並延續了我中華民族偉大飲食文化的無名英雄。

而且她寫出來了（因而並非完全「無名」），而且寫得比其同路人更有感覺和感情。她不僅是在談做菜，還在談家庭與生活。

她慢慢一句句說給我們聽她從小跟著母親學做菜的故事，不時這裡那裡，透露一些她在嘗試各種風味菜式之後的心得，再又通過她家廚房的窗口，讓我們感受到宣一在她那個年代台灣一個溫暖家庭中成長的點點滴滴。而她筆下那位母親的形象，就算我們多半不會去和宣一交換媽媽，也不得不羨慕宣一生對了家。

這麼說好了，至少，如果宣一生在我家，那她這桌「國宴」和這桌「家宴」，就只能是餃子、包子、饅頭、烙餅、炸醬麵。

這本書雖然有菜譜，但是書的精髓和味道在文章的敘述。可是這不是「大師傅」在傳授祕方，也不是食評家在評葷論素，更不是吃遍四方的文人騷客在自我吹噓，而是這位做菜者，以她寫作者的乾淨俐落文筆，幾乎漫不經心地講一個小女孩，跟在媽媽身邊，學買學挑，學切學剁，學燉學炒，而演變成為一個今天的她。長大，而且成人。

長大而且成人，菜可以上桌了，文可以見報成書了，而人也成熟到可以觀察世界了，「我有時候覺得做菜和開車一樣，很多人都會，但是有人每天做菜，卻始終做不好，有人開了一輩子車，車子開得就是不夠帥……」

我不去猜宣一是否心裡有數，反正讓我在此替她補上一句。做菜也和寫作一樣，有人寫了一輩子東西，也沒寫出什麼東西。

我指的是我們絕大多數一般人，像你和我。想想看，就吃和做來說，我們絕大多數人的筷子用得肯定比炒勺熟練。至於讀和寫，我們絕大多數人又多半都是眼高手低。

不妨再想一想，我們一天三餐，吃遍海峽兩岸，甚至於亞非拉歐美，品嚐了各個民族文化的最佳飲食，也試著炒了幾次菜，燉了幾次肉，更花了一輩子時間，閱讀了古今中外一些經典之作，甚至不顧天高地厚地寫了半輩子大小文章——聽我說，我們絕大多數仍然不過是一個一般食客，一般做飯的，一般讀者，一般作家。要想成為一個可與「大聖大師傅」平起平坐的大食家，大文豪，大作家……我看也總要好幾世代才會出現一位。

王宣一不是這一類的「大」，她是——怎麼說才好？她所表現的是無名英雄的英雄本色。

吃是做的序幕，讀是寫的前奏。我們從小愛上的吃和讀，影響到我們一生。不錯，不少人能夠從家常便飯成熟到可以欣賞其他風味的烹調，或從青少年讀物深入到可以領會文字表達的人類智慧。但是，不論我們到了什麼年紀，還是喜歡吃小時候吃慣了的（「媽媽做的！」），還是不能忘記小時候迷上了的小說詩歌，以至於當你自認有了一招半式，而去下廚炒盤菜待客，或下筆寫篇東西發表的時候，你我多半很難拋棄這個早已成為個性一部分的童年喜愛。

這也是為什麼宣一會有今天這種體會，「食物和記憶的關係真是最最密不可分」，也正是為什麼她今天做的那幾道拿手菜，還是媽媽從小教她的那些江浙菜。

其實，這正是無名英雄的英雄本色。人類智慧，或具體的江浙菜和北方麵食，主要是靠我們這些一代又一代的無名英雄的接受吸收，改進傳遞，才有機會和可能延續至今和以後。

王宣一從她跟著母親跑菜場選肉選菜開始，一步步學洗學切，再一步步自己下手下鍋，整個這個日常生活中的磨練，才是繼承發揚我們烹調藝術和飲食文化的關鍵。

不要說吃，沒有唸經跪拜的信徒，神都難以存在。

這也正是我們無名英雄所能，而且所應發揮的真正力量。

只是王宣一發揮了雙重力量。她能做又能寫。儘管吃過她做的菜的人不多，可也不少；而看過她寫的作品的人不少，可也不多。沒有關係，重要的是宣一把她的做菜寫出來了。而且寫得令我垂涎。

我有點像是她們家那頭貓，眼睛望著高掛庭院衣架上的美味，巴巴的仰著頭垂涎。只不過我垂涎的不光是宣一做的美味，還有她做美味的本領。

做菜是創作，而任何創作都必須雙管齊下。大處著眼，小處著手。讓我在此先保證這道菜好吃，也就是說，大處著眼業已成功，那再回看宣一如何小處著手：

清炒豌豆，這樣一道名稱普通的菜色，好不好吃就全看取材是否細緻，一粒粒鮮豔清爽的細粒豌豆，在選材時，不只是挑最嫩最細的豌豆，還要將一片片豌豆去皮，只留中間的豆仁炒來吃。

西方那句名言「魔鬼在細節」一點不錯。成敗在細節。

但是我們必須認識到，宣一是在她家裡的廚房為親友做飯，而不是大師傅在五星級餐廳為花大錢的顧客做菜。

我記得一位美國食評家曾經問過一句話，為什麼我們在家裡做不出一流餐廳做的菜。道理很簡單，大師傅手藝之外，沒有誰家做飯的能有二廚三廚九個下手。一流餐廳的火爐都要比一般人家的廚房還大。

不過我在想，這位美國食評家顯然還沒吃過今天台北的海寧王家小女，在她廚房裡做的那道清炒豌豆。

我們這裡談的究竟不是滿漢全席。我們談的是像宣一做的江浙家常菜。當然我也知道，即便是家常菜，當我們的「紅燒牛肉王」去燉那道紅燒牛肉的時候，也要花兩三天功夫。

只是她這兩三天功夫，可不是你我的兩三天功夫。宣一這兩三天功夫，是她下廚掌灶三十年而後出手的一招。

做菜難，寫作難。就算有母親手藝和經典作品的指引啟發，做菜者和寫作者都難求一夜功成，都是一滴油一粒鹽，一招一式，一個字一個字熬出來的。

王宣一吃做精道，很明白其中道理，「我總覺得菜式有其文化演繹的過程，一道菜經過世代那麼多人操練過，呈現出來的必然有其特色……」

這應該是為什麼歐美早先搞出來的nouvelle cuisine（台灣的「創意菜」？），或近年來走紅的fusion，就紐約大部分這類新烹調來說，大部分新菜式，不是無味，就是無聊。

做上幾次也沒做出什麼名堂，吃上幾次也沒吃出什麼味道，寫上幾次也沒寫出什麼道理，就自然而然地給時間和口評給淘汰掉了。今天我們都熟悉喜愛的大菜小菜家常菜，是經過日久天長的考驗才流傳下來的。新烹調、創意菜，都還沒有過這道關。

而這還是正常情況下的演繹過程，還不包括像大陸幾十年來的天災人禍，對飲食文化的幾乎致命打擊。好在宣一未了向我們報了一些佳音：

最近一兩年再去上海，著實吃到了好些東西。十里洋場的時代似乎就快回來了。文革被革掉的那些走資廚子，留下來的，有強盛的生存能力，恐怕要不了多久，上海必然成為世界性的美食天堂。

可是就算大陸革掉了不少走資廚子（和幾千萬人），一般人家的做菜手藝，也沒有完全失傳。在慘痛艱苦的一九七四年，我在北京吃便飯，儘管麵有點發黑，咬起來有點牙蹭，配菜更是可悲，但是那張烙餅仍然道地。是這些無名英雄在求生存的同時，延續著飲食文化的香火。

做菜寫作，隨著時代社會的改變也必然發生變化。新烹調、創意菜，是一種變化，宣一提到的今天豬肉雞肉也不對勁了，飼料方式也變了，口味也不同了等等，也是一種變化。這不僅發生在她說的「時髦多元的台灣社會，這個移民大熔爐」，而且更顯著地發生在移民起家的美國。

不過，變化是一把雙刃劍。它一方面使一個思想口味開放的王宣一，「反倒習慣了很多不同的食物」；另一方面又使一個擇善（與麵食）而固執的我，不敢去領教紐約那位越南華僑開的一家又有兩岸三地菜，又有美式中華料理、生魚壽司、韓國烤肉的中國飯館。

世界永遠在變，菜式也永遠在變。不要說今天紐約的江浙菜，也不要說今天台北的江浙菜，就連今天江浙菜發源地的江浙菜，也回不到從前的江浙菜了。同樣道理，王媽媽的紅燒牛肉絕對和她女兒的紅燒牛肉不完全一樣，儘管都絕對好吃。除了外在變化之外，這還涉及到內在變化。而此一內在變化，像宣一這種做菜者最能領悟。

不妨回味一下她那有關做菜的內在變化論：

而且，不論講究與否，做菜的很多細節是食譜上無法記載的。簡單的說，每道菜的材料、成分、數量，不是每天相同的。即使照著食譜上做出來，味道也不一定一樣，畢竟雞不是同一隻雞、魚不是同一條魚，肉質大小不一，火候的拿捏自然就不同……

唉！這其實是一個無名英雄，一位有這份心和這股靈氣的做菜者和寫作者，利用飲食烹調來傳達一個簡單而又令人省思的真理。水在流，我們永遠不能涉足同一條河兩次。

秀色可餐的話，王宣一這本《國宴與家宴》也可餐。在你們還沒有機會去享受她親手做的菜之前，大可先吃這本書。

（本文為收錄於二〇〇三年版本中的專序）

自序

廚房裡的光陰的故事

我有時候在想，我怎麼會想出版這樣一本談食物和記憶的書？或許是因著一場家族聚會，多年沒有聚在一起的兄弟姊妹們又都回來了，年紀都過半百的兄姊們聚在一起，坐在餐桌前，話題多半離不開童年往事，回憶往事便是由一連串母親的盛宴開展而來，於是在那樣的氣氛下，我開始寫下那篇長文〈國宴與家宴〉。

〈國宴與家宴〉在媒體刊登出來的第一天，就接到一家熟識的出版社編輯打來的電話，說要幫我出食譜。出版食譜，從來不是我的計畫，我請求他看完全文再談出版計畫。說實在，我寫的是我母親的某一部分的故事，我的母親並不是料理名師、也不是美食家，我懷念的是圍繞著她的廚房的那種氛圍，並非要幫她或幫我自己出版食譜。

因此我一直排斥把這本書出版成食譜的型式，因為我畢竟不是專業廚師。這本書是童年的追憶，是對那個年代的懷念（抱歉，我不願意說它是對母親的懷念，我怎能用這樣微薄的書寫來懷念她？）。那樣圍繞著一個廚房或一張餐桌的懷念，基本上是典型的中國式家庭的氛圍吧？當我們討論母親做的菜餚，我們懷念母親主持的一場又一場餐宴，或大或小，或中或西，菜色不一定道道出色，但是氣氛卻從未打折，只要有母親在的場合，無不賓主盡歡的，而且那歡愉和暖，絕不是無謂的交際應酬，是輕鬆平常且歡樂自在的。

印象中，那一場又一場的餐宴，多是親朋好友的聚會，參加過的很多人都印象深刻，深刻的不只是滿桌佳餚，還有母親的風範。母親一向是領袖也是個性格開朗的傢伙，我們的朋友來家裡，從來不覺得長輩在旁有什麼話不好說或是難以溝通，母親總能和大家玩在一起。

印象深刻的是當年二哥大學時期，參加橋牌比賽，母親帶著還在唸小學的我，在二哥比賽時到會場塞一支人參給他補充體力，那個年代，有做母親的會為了孩子的課外活動送人參去打氣？也許有些人會說，你家有人參可送，我連人參都沒有見過呢。話當然如此，但那時代，能夠那樣支持孩子、鼓勵孩子的恐怕真是不多。可是我媽媽就是那樣一個活潑、時髦、思想前進的母親。因此多年來，即使兄姊們旅居國外，仍是有他們的同學會到家裡來探望母親，且有時候就坐下來吃頓便飯的，很開心自在的，母親一直是親友聚合的中心，如果在從前大家族時代，母親無疑就是地位尊貴的族長，能幹又有氣魄。

所以我一直在想，我這樣寫我母親的烹飪廚藝，她一定會有些不爽。

因為熟識她的人都知道，她是領袖也其實具備很多才藝，烹飪不過是她的小才藝之一，雖然她一生主持的大宴小宴無數，但那僅是日常生活之一，她是個很會安排生活的人，她有很多朋友，她會下圍棋、打橋牌、還會很多時髦新鮮的玩意兒，不過最重要的，她永遠是所有朋友中的意見領袖，是孩子群之中的孩子王。

但是這本書寫的只是關於母親宴客的故事，關於她的故事她的人，還有很多很多是我這個不成功的作家女兒寫不出來的。母親從來不是個有條件當選模範母親的那種典型，她不是那種黎明即起灑掃庭除的人，她的事蹟對其他人而言也不轟轟烈烈，可是母親知識豐富、頭腦清楚，在處理家務上一向指揮若定，是個很平凡也很不凡的家庭主婦，認識她的人都說她是一個大將之才。

母親出生書香世家，接受西式教育，年輕時在上海、杭州經歷過十里洋場最風華年代，抗日戰爭時躲過租界、跑過空襲，在戰爭之中，隻身沿著長江千里尋夫，跑到大後方，勝利之後回滬，不久又告別父母兄姊，離開她熟悉的環境和大部分的親友，獨自帶著少數家人渡海來台，在那樣的時空背景之下，母親匆促拋掉了往昔的風華歲月，就那樣到了一個帶著日本殖民遺風的島嶼，面對陌生的一切，陌生的語言、陌生的文化、陌生的朋友和生活秩序。

我不知道當年她在台北建立起自己的家庭時，有多少惶恐和焦慮，但是親友們看到的永遠是她光鮮亮麗的一面，她的上海人愛面子和海派的那部分，也許是造就她陽光生活的條件，但是智慧和寬大卻是讓她鎮定從容的建立起一個新的家庭的因素。

我的童年仍有幸看到父母風華再現的短暫時光，周日早上，一家人到台北的上海路「三六九」吃小籠包，爾後，到現在中華路與衡陽路口的建新百貨公司選布做衣服，然後再到西門町看一場電影，那樣的快樂童年，因著父親的身體狀況不佳而漸漸減少。我記得多次和母親到家附近的養雞場去賣黃金，那應是地下錢莊的一種，母親的存款便是那樣一段一段的給養雞場換了去。但是我從不曾看到母親哀聲嘆氣，母親每天仍是忙著煮魚燉肉，親朋好友進進出出，餐桌上的菜色一如往昔。

母親並不是有多講究食物，在她的基本觀念裡吃飯就是這樣，不論大宴小宴或家常便飯都一樣，難怪親朋好友都念念不忘我們家的餐桌，桌上豐盛的菜餚和和樂的氣氛。

母親離開我們幾年，重新回憶她的菜色，有些竟然已經就忘記了。打電話問阿姨，阿姨只能口頭教學，年過八旬的她也做不動了，我們姊妹知道有些東西是失傳了，已經永遠遺失在追不回的流金歲月之中。

但是即使我們的母親已經不在了，我們也不願意就因為這樣，在回憶的過程裡把她的人或她做的菜神話了。我們討論母親的每一道菜色，有懷念也有批評，有忘記細節的也有至今仍忍不住覺得難吃的，原來難吃也是一種懷念與記憶的方法。

因此做菜的時候，我會對姊姊說，「啊，如果媽知道我把菜燒成這樣，她一定會罵人的，可是我覺得我做得比較好。」姊姊說，「我保證她不會罵妳了。」我們做她的女兒，懷念她，仍然調侃她，我們不想神話她，平常就是最恆久的思念。我們常常在廚房裡邊做菜邊憶往，最常說的一句話是「媽是這樣做的，媽喜歡那樣做」，我們用自己記得的步驟，嘗試著重現母親的味道，我們也推翻一些從前母親的烹煮方式，改良成自覺更好的調理方法。

母親做過的大小菜色點心數百件不止，如果有人問我，妳最懷念媽媽做的菜是哪一道，我一時還真不能回答。這句話問其他吃過我媽媽做的菜的朋友，我相信百分之五十會回答「紅燒牛肉」，至於我們兄弟姊妹們呢？母親每天做菜給我們吃，就只有一道是最懷念的嗎？我想這問題對我們應該都是一個很難回答的問題，這真的不是一個菜名就解決的。吃不到了，什麼都是好吃的，每天吃的時候，好像挑剔的時候比較多，嫌這嫌那的。以前我很不喜歡吃江浙菜，看到一桌子醬油菜色就沒胃口，沒想到後來自己宴客請朋友吃飯，最拿手的還是江浙菜，到館子店裡吃飯，最會挑剔的也是江浙菜，心裡總想著，這做的沒有我媽媽做的好，那做的也不及阿姨做的好，挑三揀四的。

〈國宴與家宴〉一文在報紙上連載之後，接到不少朋友、讀者來信來電話，有些是來問祕方食譜的，有些來討食的，有些甚至算起帳來，說是什麼菜什麼點心他沒有吃過，或是抱怨有多久沒有到我家吃過飯了。當然更興奮的是，有些和我成長背景類似的朋友，一起討論當年家庭餐桌上種種相似的景象，或是不同的家族朋友，彼此交換個人童年的食物經驗，有共通處也有完全不同的狀況，不過似乎每個人都有某種尋訪美食的潛能，只要有人挑起，話題就不斷的迎面而來，這也不禁讓我想到，美食或是說廚藝和寫作，同樣都是藝術都是創作，但是美食容易得到掌聲、得到人氣，寫作要尋找知音、得到認同卻孤獨得多。

然而要出版這本書，心情比起之前出版過的小說創作卻多了點忐忑不安，小說是個人的，面對讀者，好壞自有批判，這本書是一個紀錄，要面對的不只是陌生的讀者，不安的是得先接受家人及親朋好友的檢驗。

無論如何，這本書的出版最要感謝朱守谷老師，放下畫家的身段，專誠為本書畫了一系列美麗的插圖，也讓長年不吃紅肉的他，到江浙餐館裡去點了一堆他不吃的菜色，只為了拍照、觀察，以做出配合本書的畫作來。此外，我的老友，作家張北海，基本上以鄉愁佐餐，一年吃不到一碗米飯的食麵族，在為了我燉的南方黏稠口味的紅燒牛肉而連下一大碗飯之後，在我們數年一次把酒言歡的小聚之後，費心為我這本書做一個開場。

這本書記錄的是那樣一個年代，一個家庭餐桌和廚房裡的光陰的故事。

如果這一場小宴，讓您覺得還算愉悅，
那是因為我的母親的緣故。

—— 我的母親 許聞龢女士（1914-1995）

國宴與家宴

母親一生宴客無數，不論大吃小吃，她總有本事前一分鐘在廚房忙得灰頭土臉，下一分鐘就輕輕鬆鬆端出一盤漂亮的菜，富富泰泰的好像不曾經歷過前面的油煙、忙亂，就做出來了。

我每次說到小時候把曬乾的干貝當零食吃，我的朋友，出身苗栗客家村的吳，就會覺得簡直不可思議，說我真是個有錢人家的小孩。其實我並不算是有錢人家的小孩，只是童年時代，家裡的生活過得比較海派一點，不論實際生活情況如何，我的母親在廚房裡，永遠作風海派。即使有段時期，母親總是從菜場頭欠錢欠到菜場尾，家裡的餐桌上也從沒有見過窮酸相。

吃得海派，當然源自於我的母親來自一個世家，浙江海寧，錢塘江的出海口，徐志摩、高陽、金庸等等，都出自那個鄉縣。我的母親在那個年代便是受過高等教育的書香世家子弟，她一輩子除了家鄉之外，主要住過上海、杭州和台北三個城市，歷經十里洋場風華最盛的年代。她有好多年的生活過得像《紅樓夢》大觀園般，即使她算是新世代的女性，但是圍繞著她一天的生活，飲食仍占了相當大的比例。

母親做菜，也許和一流的廚子比，稱不上有多了不起，但是那年代，四〇五〇年左右，家家總有幾個拿手菜。尤其母親好客，家裡一年到頭進進出出的親戚朋友、鄰居故舊非常熱鬧，一張定做的超大餐桌前常常圍滿了一圈又一圈的人。

母親宴客，大多是很家庭式的，父親官場上的客人倒是很少，基本上阿姨叔伯之外，有些是長年寄住的親戚孩子，有些是固定周末就一定碰面的親友，還有隔周或不定期來家裡唱崑曲的曲友、打橋牌的橋友等等。因此我們戲稱母親的宴客，分為兩種，一種是宴客方式比較正式，氣氛也較嚴肅，以父親往來的朋友為主，我們稱之為國宴，另一種是親朋好友年節生日聚會等等，我們稱之為家宴。至於每周末家裡慣常十幾二十人的親友聚會等等，我們就都不算在此。

除此之外，母親最重視招待孩子們。親友的孩子、鄰居的孩子、孩子的朋友、朋友的孩子，母親常常一次帶十幾二十個孩子，買了大包小包的零食野餐，去看電影、去海邊河邊、去風景區嬉戲，玩到盡興，回到家裡一個個像餓鬼，於是大盤小盤，中西點心全都端上桌。然而這樣的家常便飯不足為奇，每年寒暑假，母親更是準備豐盛大餐，邀請大孩子的同學們來家裡聚餐，盛況一時。因此即使到現在，兄姊們的老同學、老朋友見面，常常提起的話題仍舊是，「我吃過你媽媽做的什麼什麼菜色。」「啊，妳媽媽做的什麼點心，滋味令人永遠難忘。」也許那是個普遍貧窮的年代，那個孩子的地位並不高的年代，母親的大方好客，真的留給不少朋友甜美的回憶。

母親的菜色花樣不少，但基本上是以杭州菜做底，再混合其他江浙菜餚，宴請孩子們時則加了些滬式西餐。至於江浙菜的分類再細分，又有好幾方面，揚州菜、蘇州菜、無錫菜、杭州菜、上海菜、紹興菜和寧波菜等，母親總是選擇其中幾項來做搭配。但不論如何，從餐桌上一眼望去，醬油色澤是最主要的代表色，還有就是盤多碗多，一餐下來，十來個大盤小盤是常事，每碟菜吃幾口好像才叫吃飯。這樣的吃法，實在不大合現代的飲食觀念，可是早年家裡就真的是這樣吃，一餐吃不完，第二餐再拿出來，菜一定要有剩餘，吃到盤空碗空是粗魯而不禮貌的行為。

童年時代，住家是日本式庭園建築，其中廚房的範圍可是相當的大，包括廚房、餐廳和兩間柴火間，小的那間終年堆滿了柴火、煤球等物品，另一間則用來養雞鴨什麼的。而廚房餐廳和正屋之間是獨立的房舍，以一條加蓋的走廊連結，記憶中走廊上常掛著火腿、香腸、臘肉等食品。此外院子裡的魚池裡養了不少黑灰色的鯉魚，不過從不曾聽過把魚抓來吃，也許是怕鯉魚的土味吧。

我們住在日式的房舍時期，是母親最常宴客的一段時間，最早的記憶是庭院裡升起爐火，表示又有大型的宴會了。那時即使是原有的超大的廚房也不夠用，必須臨時在院子裡架上幾座炭爐，以備燉煮之需。國宴和家宴的菜單當然不同，四十年前，鮑魚、魚翅就已是母親國宴的菜色之一，但那都不屬於母親的拿手，只是因為名貴而應景。除此之外，比較稀有的菜色還有紅燒甲魚、清燉河鰻、紅燴海參、蜜汁火腿、油爆田雞等等。不過在這麼多嚇人的名菜之中，歷史最悠久的招牌菜卻是名稱並不特別的紅燒牛肉。

母親的紅燒牛肉吃過的人都念念不忘，一位父親的多年摯友，住在台中，很少上台北來，每回一定要母親用紅燒牛肉才請得動他北上來玩。前兩年，這位伯父以九十多歲高齡過世，過世前我們去看他，他在我們面前提到的還是母親拿手的紅燒牛肉。吃過母親紅燒牛肉的很多人都不明白，為什麼看似沒什麼學問的紅燒牛肉，煮出來可以如此這般夠味？

很幸運的是，我自小隨母親上市場買菜，清楚知道做這道菜的祕訣，

・紅燒牛肉・

∴ 材料

牛前腿腱子肉　兩斤半
牛筋　一斤半

豆瓣醬油
料理酒
冰糖
薑

∴ 做法

第一天

1. 先去血水。煮一鍋開水，分別丟入牛肉及牛筋，煮滾立刻撈起，浸冷水。
2. 牛肉和牛筋放冷水和醬油及酒和薑，並分開兩鍋煮，煮開後再燉約半小時，放涼。

第二天

3. 重新開火，牛肉與牛筋仍分開煮，煮滾後再燉約半小時至四十分鐘，牛筋視爛度增加燉煮時間。牛肉與牛筋均煮到用手捏，有些爛還不太爛的程度放涼。

第三天

4. 牛肉與牛筋混合成一鍋，燉到爛，加冰糖大火收乾即可。

其中最重要的一點是採購而不只是燉煮。母親買牛肉的挑剔，才是造就那一鍋美味的要素。早年母親一定到台北市和平東路、羅斯福路口的萬和牛肉店以及國際牛肉店兩家牛肉專賣店買牛肉，她買牛肉只選前腿花腱的部分，並且一定要把腱子上附著的其他部分去除乾淨，只留下純粹的花腱，然後再配上比例約一半的牛筋，回來後將花腱和牛筋都橫切成大塊，從花腱的橫切面就可以看到一層層美麗的肌理紋路，紋路愈清楚表示肉質愈好。

燉牛肉的第一步驟是燙洗過一遍血水，然後將牛筋和牛腱的部分加豆瓣醬油和酒分開燉煮，等分別煮到開始有點爛的程度即關火，隔天再開火燉煮到牛筋和牛肉差不多爛的地步，至於什麼是差不多爛，這我真不知怎麼形容，基本上用手指去捏捏看，大約有些軟，卻不致鬆軟的地步，也許多做幾次就能拿捏吧。混合之後，放隔夜，第三天再下冰糖大火收乾才算大功告成。

完成的牛肉爛而不澀，吃起來黏而不膩。其實三燉五燉，紅燒牛肉只取決在燉煮的火候，並不像有些菜色醬汁是幾百年祖傳祕方那麼複雜。只是燉煮紅燒牛肉的時間從以前到現在則是有很大的區別，從前用煤球和鋁鍋，因此燉牛肉最大的功夫就是不得離開火爐，以免一個不留神就燒焦了，因為牛筋有很多膠質，容易黏鍋。通常一鍋牛肉要燉煮大半天以上才會爛透，在過程中不時要去翻攪一下，以免上下爛熟的程度不一，也免黏鍋。現在用不沾鍋和瓦斯爐，兩三小時就可以了，尤其是牛筋的部分差別很大。

母親的紅燒牛肉不放五香或胡椒等調味料，了不起加點薑和酒。牛肉要不腥重在會選肉，我年歲稍長母親有時差我去買牛肉，那時她已換到東門市場一個牛肉鋪子購買，她怕我不會選肉，就交代我一定要選哪一攤那個放在某個位置的那一塊，然後一定要報上母親的大名，老闆娘才知道怎麼處理。我就這樣報名買肉買了好多年，才終於抓出母親選肉的精髓，也得以套用在其他市場買到好的筋肉。

會選牛肉之後，再照著母親燉煮的方法來處理，一次兩次多次，終於通過兄姊們鑑定合格，才算是繼承了母親的這項廚藝。既然拿到了家族牌照，身價就抖了起來（其實我的姊姊、嫂嫂們也都拿到了牌照），因此後來每每有朋友說要向我學怎麼燉牛肉，我就大言不慚的說，先提著菜籃跟我去買肉吧。

不只是買肉燉煮，連吃法我們姊妹也有很多堅持。事實上牛筋和冰糖造就了黏稠的膠質，最適合下飯，如果有人要下牛肉麵，只能下乾麵，若有人說他加水煮成牛肉湯麵，或是再加蘿蔔下去燴煮，就會被我家姊妹大加撻伐，刪除在下次贈送的名單之內，我們認為這大大枉費了我們的心血，不懂欣賞其中滋味。為什麼牛肉一定要和麵連在一起呢？牛肉麵這名詞是什麼時候變得這麼出名的？基本上我們這獨門牛肉一定要下飯吃，最多只能將吃到最後剩下的那點湯汁，冰凍後直接當肉凍切來吃，辛苦煮了一鍋牛肉，吃法一定也得堅持，沒得商量。

雖然我常以紅燒牛肉在親朋面前耀武揚威，但是其實還是有心虛的部分，心虛的不是我的廚藝，是覺得千挑萬選來的牛肉，質感和從前仍是不能比。現代快速長成的飼料牛口感真的大不如前，更不要說進口牛肉了。很奇怪，進口牛肉就只能用西式方式烹飪，煎牛排就沒什麼問題，若將進口牛肉拿來做中式的紅燒牛肉，以同樣的方法燉煮，卻是腥臊得嚇人，就算加了一堆從來不肯放的薑蒜五香等，還是沒有辦法去腥。

肉質的改變和牲畜的飼養方式改變有很大的關係，其中豬肉和雞肉最為嚴重。原有的國宴家宴菜單中，紅燒蹄膀也是母親拿手菜，做法和牛肉類似，特色也是爛熟到口感剛好又非常入味，但是現在我卻很少做，一則是健康理由，一則實在是豬肉本身肉質改變，做不出像樣的佳餚。以前家裡宴客蹄膀上桌，做主人的只要用筷子輕輕一撥，就可以把隻蹄膀給分解了，每一筷子連皮帶肉，不知不覺兩三碗飯就跟著下肚，不過現在餐桌上卻幾乎見不到這道美味的紅燒蹄膀了。

母親做蹄膀用紅燒，燉豬腳卻愛白煮，我不知道這是屬於哪一種菜系。母親說那是父親家鄉鄉下農地收割時的煮法，犒賞工人勞動的辛苦，就像梁山泊的大塊吃肉大碗喝酒。我忘了問他們是配紹興酒還是白乾什麼的。不過我知道煮法相當簡單，豬腳先用滾水燙過，再用拔毛鉗仔細的將豬腳上的毛一根根拔除，然後混和腿肉切大塊之後直接加水、酒和不切段的蔥白煮，吃的時候沾點醬油，就這麼來，很鄉土很直接。但是條件仍是肉質要新鮮要好，而且豬毛要拔得乾淨。記得那時流行一句反共口號叫「殺朱拔毛」，就是殺朱德拔毛澤東，口號真粗魯，卻家家戶戶耳熟能詳。

政治的不只是殺朱拔毛，另有一道菜叫「轟炸米格機」，就是鍋粑蝦仁，把鍋粑在大油裡面炸得滾燙裝盤上桌，然後將蝦仁和一些豌豆片、紅蘿蔔片、筍片等爆炒之後勾薄芡，當著客人的面倒在鍋粑上面，弄出噼噼啪啪的聲音。通常我母親一面倒著滾燙的澆頭，一面就說「轟炸米格機嘍」，然後眾人一片歡呼，似乎拔豬毛吃大塊豬肉、吃鍋粑蝦仁，還有盡忠報國的意思，真是好政治喲，那年代。

說到拔豬毛，現在豬肉攤販不大有耐性去一根一根拔豬毛，有時間寧願盯著股票指數，去豬毛大多用火槍燒，問題是這樣只能燒掉表皮上的毛，毛根還殘留在裡面，想了就噁心。小時候除了幫著拔豬毛，還常做一個工作，就是挑豬腦上的血管，用牙籤將附著在上的細微血管挑起來，稍一捲動，就可將一條抽出來了，不過如此也是得花上好大功夫才挑得乾淨一個豬腦。

母親吃得細緻，最不能忍受處理不乾淨的食材，我每每笑她是豌豆公主，十幾層的棉被下面放了顆豌豆仍能被她揪出來。她晚年躺在病床上，我做了蝦餅給她吃，她吃啊吃的，咬了半天，嘴裡吐了一顆沙出來，真是厲害。她吃花生也是每吃一粒都要把花生上端的胚芽吐出來，我問她為什麼，她說胚芽硬硬的吃了不消化。花生難道不硬嗎？真奇怪。她的舌頭似乎很敏銳，吃小蝦能在嘴裡用舌頭剝出一張完整的殼，完全不用手也不用筷子，吃瓜子的本事也是一流，我後來看到很多上海人都有這本領。

阿姨做菜更細，同樣豌豆家族出身。一次我去市場裡買做素雞的豆皮，原本賣的那間店說豆皮銷路不好不賣了，我換了一家去買，和二姊回家做了送去給阿姨，阿姨一吃立刻打電話來說，你們是不是換了一家買材料啊？下一次買之前一定要聞一聞，這次的豆皮有油味。我後來去市場打聽，果然貨不同源，這家的豆皮是福州來的，渡過海的，日子久了些，豌豆家族果然不同凡響。

從前挑沙拔毛這些基礎工作大多是我們這些下手的事，即便是菜販處理過一次，回家來還是要再弄一次，但我粗手粗腳，常弄不乾淨遭母親的罵。可是雖是粗手粗腳，卻也有嫌人家的時候，一回去台北有名的杭州菜館吃蝦，當我發現它的蝦沙沒挑乾淨，就有點食不下嚥。還有一次在巴黎一家氣氛高雅的餐廳，菜色什麼都非常好吃，就是吃盤蛤蜊吃到一嘴沙，付帳的時候真想把經理找來挑剔一番，可是想想自己不是豌豆公主的命，還是算了。不過每回到餐館吃蝦吃蛤蜊，就禁不住要檢查裡面的沙有沒有洗乾淨。這習慣有時是一種品味，但有時候我也懷疑非要這麼挑剔嗎？吃兩顆沙有什麼不得了，以這標準說來值得上的餐館不就少而少之了嗎？

母親吃菜細緻，不只是沙子和豬毛不能忍受，很多菜是要將一些材料暗暗隱藏在裡面的。讀《紅樓夢》的人就知道，江浙菜有一個特色，就是含蓄而深沉。或者我該更進一步的說，杭州菜基本上是婉約的，把原有的材料經過多道程序之後再變回原來的樣子，也就是日本人常說的，成人的口味。一道茄子，經過干貝、蟹肉、荸薺等等各種材料和方法蒸過來煎過去，去煨、去燜、去燉，浸過肉汁、海味什麼的，再以不起眼的姿態呈現出來，上菜時仍只看得到是一盤茄子，做主人的洋洋得意的說，請吃點茄子，最後就等著客人說，啊，這是什麼茄子這麼好吃？

我在長大後宴客，做菜時也仿餐館大塊材料直接上桌，海參切大塊、香菇一朵一朵的下、干貝不撕碎，整顆整粒的裝盤，母親看到就斥責我，這麼粗魯。我說我的客人們可不像我從小拿干貝當零食，待客當然要多點好料，母親說，好料是藏在裡面，哪能這樣招搖？難看死了，像暴發戶。

不只做菜像暴發戶，買菜的大手筆也往往唬到人。母親年紀大了，偶爾姊姊和我陪她上台北的南門市場，看了這樣也好那樣也好，往往不問價錢就一把一把往袋子裡塞，買到最後連我們也提不動，一定要央請菜販幫忙拿到樓上的馬路邊叫車。

隨母親上菜場是童年生活中很重要的一部分。早年她常去的是台北的古亭市場，那時古亭市場熱鬧非凡，分門別類相當清楚，賣雞的、賣肉的、賣魚的、賣青菜的各占一大區，那盛況後來我在北京郊區的市場看到幾乎一樣的陳設，很有親切感。上古亭市場，母親常塞給我一些零票子，讓我到市場門口以汽油桶做成的烤爐那兒的小販買兩個圈圈餅。烤得QQ的圈圈餅，又香又甜，很像bagel，我站在菜攤子邊，一邊啃著一邊等著母親挑菜選菜，滋味真好。後來我做了台灣媳婦之後，才知道那叫繼光餅。有一次在三峽的市場看到，不是現烤的，白白胖胖賣相有些現代，我還是忍不住買了來吃，果然不再是童年的滋味。後來一次在迪化街的一家福州菜館吃到，夾一種蚵仔烘蛋和鹹菜一起吃，是福州人的點心。

母親上市場，第一件事一定是去買魚，母親的菜單裡，幾乎餐餐有魚。家裡最常吃的魚就是紅燒青魚，也就是俗稱的草魚，草魚當然是現殺的。草魚很大，通常分為魚頭、魚肚和魚尾三部分分開料理。魚頭的做法俗稱紅燒下巴，魚肚的做法則稱紅燒肚襠，魚尾則是紅燒划水。不管哪部分，都是先用醬油和酒醃上半天，再放到鍋裡大火大油煎到魚皮焦黃而不破。從前沒有不沾鍋，煎魚一不小心就會把魚皮煎破，再嚴重就連魚肉也會散掉，所以煎魚是一門技術，油要多、火要大、魚皮要乾燥，如不夠乾燥，先在表皮抹些麵粉、肉厚的部分用刀子在表皮輕劃上幾刀再下鍋。

台式辦桌料理裡面，常是將魚身狠狠的劃上幾道，再下鍋炸，然後淋上酸甜醬汁燴煮一下，我也覺得好吃，母親卻認為炸和煎差很多，刀痕太深會讓魚肉太早熟，魚皮有時也炸得太過頭會翻起來不好看，總是輕描淡寫的劃上淺淺的兩道。我的一位出身鹿港的作家朋友心岱，有天卻和我抱怨現在的不沾鍋很令人討厭，魚皮都煎不破煎不焦不夠味。唉唉，這話真是怎麼說呢？

紅燒青魚通常在把魚煎到半熟之後，再將浸過魚的醬汁倒入鍋中燜燒，最後放冰糖蔥花至剛好熟而鮮嫩的程度。青魚一老就不好吃，所以火候要控制得剛好。偶爾我們也把青魚肚切片，加鹹菜和筍片一起快炒。此外宴客時則必有的一道是燻魚。燻魚是用青魚中段部分來做，將魚身橫切成一片一片，先醃上一天再炸，炸好之後，一起回鍋再加點調味收乾，過程根本從不曾真正用燻的。燻魚因為是吃冷的，所以宴客前就可先做好，不過母親總覺得她這道菜沒有早期的秀蘭小館和逸華齋做得好。

在宴會之中，魚的做法大多是醋溜，口味大眾，賣相也比較好看。醋溜就是將青魚先蒸熟，然後將蒸出來的魚汁倒出，另起鍋加油，加少許高湯，加醬油和糖醋做成醬料淋在上面。這道菜的功夫全在火候，蒸魚時如何蒸到剛好熟又不老，醬汁做出來的時間也要拿捏得好，才不會讓魚冷掉。現在我們常在餐廳裡吃魚，我最恨有些餐廳弄個酒精燈在魚盤子底下，那種活活把魚蒸老了的方法，實在令人為之扼腕。

黃魚做醋溜，也非常美味。通常兩面煎黃，再加醬油、醋和冰糖調味燜煮一會兒，紅燒黃魚則是先用醬油醃過，再下鍋煎熟加調味，通常還放上一些整顆的蒜頭一起燜煮。說到黃魚的家常做法，則是加老鹹菜和幾片火腿和香菇絲一起清蒸，蒸的時候多加半碗水，蒸出來後那湯汁則異常鮮美而又不會太鹹。另有一道很名貴的黃魚羹所費不貲但是頗受歡迎。把黃魚蒸熟後，剔出魚肉來，一定要小心的把魚刺全給剔掉，然後和豆腐、香菇切丁一起做成羹湯，碰上季節，有時還加些細嫩的豌豆進去，那真是人間美味。

除了青魚、黃魚，紅燜鯽魚也是常見的菜色。鯽魚醃過之後要先將魚炸到骨頭都酥脆掉，再放蔥段下去燜煮。現在餐廳裡多拿來做前菜，吃冷的。吃紅燜鯽魚大部分人都喜歡吃魚卵，母親卻覺得魚卵太膩，細緻的鯽魚肉才是口感最好的部分。我們好像從小也就學會了吃巴掌大的鯽魚，一點都不怕鯽魚又多又細的魚刺。鯽魚的另一做法是熬成蘿蔔絲鯽魚湯，做湯的鯽魚可以選稍大一些的。首先將鯽魚下大油鍋去炸，把魚骨炸到酥，然後和蘿蔔絲及火腿片加黃酒和蔥去燉，把湯汁燉到熬成白色的。若學廣東人熬白湯的方法，可以加兩個皮蛋下去一起熬，味道又香，湯色也容易熬成奶白，起鍋前撈起皮蛋，還要再加些新鮮的大蛤蜊下去，湯汁才更鮮美夠味。

宴客菜中和魚有關的還有無錫菜系的冰糖甲魚（鱉）。無錫菜系口味帶甜，應是源於太湖的船菜，以湖鮮為主，如爆炒黃鱔、油燜河蝦、油醬毛蟹等。不過現在最出名的卻是無錫排骨，放醬油和糖好像不要錢，可是總覺得那好像是騙小孩的菜餚，沒什麼了不起的技術。冰糖甲魚則是用香菇和冬筍去紅燒，有時是加海參同燴，由於甲魚和海參本身就有膠質，所以紅燴起來很容易討好，不過那畢竟是高檔產品，只有國宴級的時候才看得到。

江浙菜中有一道幾乎不缺席的紅燴海參。在一般常見的宴席裡面，蝦仔大烏參或鵝掌燴烏參是主要菜色之一，不過家中慣常的宴客菜單中是海參燴蹄筋。不論是蹄筋還是鵝掌，和海參燴煮，最重要的是取其膠質。海參本身沒有什麼味道，吃的是口感，母親不喜歡較名貴的烏參，她說太粗壯了，因此選用的多是白參，她一向喜歡口感細緻的材料。早年母親都自己發乾燥的海參，做菜前天就要先泡水數次，後來則多到市場買發好的，選其肉厚而肥壯者。做海參燴蹄筋通常先將這兩種主材料稍蒸熟，再加一些鵪鶉蛋、火腿片和冬筍、香菇同燴，如何能又入味又熟爛到恰到好處，

・海參燴蹄筋・

∴ 材料

海參	兩條，肉厚而肥者	醬油
蹄筋	六條	糖
花菇	四朵	鹽
冬筍	一個	高湯
干貝	五顆	
蔥條	少許	

∴ 做法

1. 先將海參洗淨切段，蹄筋切對半。
2. 花菇泡水切四塊，冬筍切片、干貝泡水。
3. 將海參先用電鍋蒸十五分鐘。
4. 起油鍋，將蒸過的海參和蹄筋下去爆炒，待海參表皮略爆粗後，再加入其他材料及調味料燜煮十分鐘左右即可。

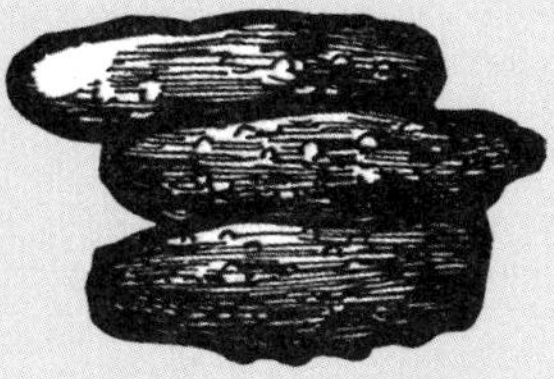

才是功力。

母親的江浙菜中，大多避用刺激的香料，僅有做海鮮料理才會放點蔥，其他則在特定的菜裡放固定的香料，如紅燒黃魚放蒜頭、炒鱔糊時用薑末或薑絲，其他香菜、九層塔、辣椒等，我們都戲稱是毒藥。很多上海人是不吃這些辛香料的，因為這些重味的辛香料，會搶去菜色本身的味道。不放毒藥的結果，當然在選材上就得是最新鮮的才行。

此外，出菜絕對也是一門大學問。江浙菜最忌冷食，除了冷盤，什麼東西都要滾燙的上桌，魚這種功夫菜，一定要算好時間。像炒鱔糊，更是講究得得在餐桌上當著客人面才把爐子上剛燙好的熱油淋上去。而有些耐久煮的菜，吃一吃要回鍋熱一熱，喝湯、吃稀飯時更是一定要燙破嘴皮才過癮。

說到鱔糊或鱔背，以前是一道很名貴的菜，在平時是吃不到的，只有宴客時才見得到，現在則隨便一個江浙館都叫得到這道菜，價錢也不貴，但是基本上，似乎都沒有從前好吃。追究原因，現在的鱔魚是大量養殖，又肥又粗，但相對的，和以前野放的比較，肉質卻一點也沒有原有的彈性，吃起來口感全無，令人失望。倒是不久前去上海，在菜市場裡看到了小時候吃的那種細細小小的鱔魚，後來隨意在家小餐館一試，終於又吃到童年時那種肉質鮮美的鱔魚，只不知這種好吃的鱔魚在上海還能存活多久呢？

魚類中母親常拿來做食材的多以江浙一帶湖魚、河魚為主，不過其中上海有名的鰣魚，台灣則少見到，至於台灣盛產的紅鮒、赤鯮、虱目魚、或是石斑等，是我們姊妹開始掌廚以後才吃到的。母親年紀大後，則常是拿片鱈魚清蒸了算，那是她覺得肉質還算細的海魚。基本上她吃的海鮮類都是河鮮、湖鮮。像是以螃蟹來說，她鍾情的是毛蟹，肉細而嫩，醬爆還是做搶蟹都好，可惜台灣後來河川污染嚴重，毛蟹的寄生蟲多，我們都不敢吃，至於大閘蟹，她反而不愛，她不喜蟹黃的膩，有次我在上海同時吃大閘蟹和毛蟹，終於發現她說的不是沒有道理。母親看我們形容去香港吃大閘蟹的美味，一點不心動，倒是對我們形容的香港天香樓的蟹黃麵有一點點興趣。像蟹黃這種油膩的材料，她認為要處理過才好入口的，和細麵拌在一起就不會腥膩。此外就是鼎泰豐的蟹粉小包她也感興趣。她的做菜觀念永遠是《紅樓夢》的茄子，一口吃下去，所有的功力不言而喻，那才是真正的好東西。

天香樓還有一道好東西，在我家也算是名菜之一，那就是屬於杭州菜之中的「響鈴兒」。響鈴兒是一種炸食，用乾的豆腐皮去邊，把碎肉和剁碎的荸薺與蛋清混合後包在裡面，放入油鍋裡去炸，和台式的肉捲有些類似，但通常內餡比較少些，炸到外皮金黃裡面正好熟嫩就可起鍋沾甜麵醬食用，趁熱咬下去發出酥脆的聲音，所以取名響鈴兒。由於講究熱食，甜麵醬也需炒熱，依口味添加少許糖。此外，泡過的魷魚，割花切塊，也用大油大火下去爆，待魷魚一捲起就撈出，同樣沾熱的甜麵醬，也是口感不錯的一道菜。

風乾或醃過的魚之中，鮝魚㸆肉則是另一風味的家常菜。以醃過的鮝魚和五花肉一起燉煮，調味料仍是那幾樣，煮到熟爛，非常下飯，常常吃就覺太鹹，久久吃一次還頗夠味。此外寧式風乾的糟白魚，切下一片，和碎肉及蛋一起放入碗中蒸，除了酒不再加調味料，也是一種很下飯的菜。我有個阿姨每餐飯無鹹魚不歡，母親每每以健康理由勸她吃淡一點，不過後來她活得比我母親還長命，怎麼說呢？然而鹹魚確實隨著大家口味變淡，受歡迎程度也日趨下降。

母親對寧波菜講重口味的，並不是那麼欣賞，可是我卻對她的料理中什麼都灑三匙豆瓣醬油也頗不以為然。做江浙菜其實有兩樣法寶，一是豆瓣醬油，一是高湯。童年時候常和母親去一家有名的製醬油的工廠找朋友，大人們在屋內聊天，我就蹲在院子裡幫忙刷洗回收的醬油瓶，整個院子裡充滿一種黃豆的味道，那味道也會沾在衣服上，回去後好些天都去不掉。那黃豆熬成的醬油味，說不上來是香味還是臭味，無論如何，我相信那些天天蹲在地上洗瓶子的女工是不會喜歡的。不過直到現在我還是習慣用那個牌子的醬油來做菜，還好那種醬油不多見，但是仍然在一些特定的地方買得到。

江浙菜中好像做什麼菜都會放點豆瓣醬油，甚至連炒青菜都可以放。此外還有一個祕訣，就是糖和鹽同放，基本上是以糖代替味精，而一些菜色中更是以高湯代替味精。所謂的高湯，是以老母雞和老火腿慢火熬出來的，宴客之前，熬上一罐，煮什麼菜都順手掏兩瓢下去。

不過高湯之王則是那一鍋純正的醃篤鮮。什麼是醃篤鮮呢？好多朋友問我這幾個字怎麼寫，母親說其實按字面的意思去寫就是了，也就是醃的去燉鮮的，「篤」在上海話之中的意思就是慢火燉，取其音義，而「醃」就是指醃過的肉，也就是火腿啦。火腿醃製的年份大約分醃得久一些的老火腿和醃製年份少一點的家鄉肉；「鮮」則是指新鮮的肉，就是五花肉、夾心肉、豬腳之類的部分。

把醃過的和新鮮的這兩種肉放在一起燉湯，再加上百頁結、青江菜或他古菜、冬筍等等，熬出一鍋濃濃白白的湯，這就是醃篤鮮了。冬天一碗下肚，全身都暖起來了，當然油脂量和膽固醇就不用說了。在宴席之中，江浙菜的湯類似乎並不多，醃篤鮮可說是最典型的湯菜之一。現在在做醃篤鮮的時候，為了怕太油膩，也常改變一下材料，用稍帶肥的小排骨或帶骨的雞肉取代五花肉，以家鄉肉取代老火腿，至於燉煮的時間，也大大減少，熬個四五十分鐘大約足夠，至於蔬菜方面，視季節常以萵苣菜心取代青江菜、或是茭白筍取代冬筍。

湯類之中，冬瓜湯是餐桌上常見的，平時以火腿和冬瓜燉煮，但是若要宴客，就會做成冬瓜盅。冬瓜盅必須取用冬瓜兩端連底的部分，去籽連皮洗淨後把冬瓜當作一個大碗，放入火腿丁、香菇丁和勾過芡稍爆炒過的雞丁，並加入少許的水，然後放到蒸鍋上去蒸，蒸上相當的時間才能把冬瓜蒸熟弄透，不過蒸出來的湯汁卻非常清甜味美。此外也有用河鰻做火腿鰻魚盅的。什麼食材要拿來清蒸，只要和火腿同燉就是不二法門，上桌前再灑些紹興酒增添香氣。

清蒸的菜色中，荷葉粉蒸肉許是因杭州西湖的荷花出名而來，但是不知什麼原因，總覺得現在買得到的荷葉，少了從前的那股香氣。荷葉粉蒸肉其實學問也不大，選肉要選夾心肉，醃肉又是豆瓣醬油和糖酒，醃了一

・烏參蒸肉燴香菇・

∴ 材料

小烏參　五條
碎肉　半斤
香菇　四朵
青江菜　七八株
蝦米　一把
蔥條　少許
蛋清　一個

醬油
糖
鹽
高湯
麻油
太白粉

∴ 做法

1. 將烏參洗淨，香菇泡水切大塊。
2. 蝦米切丁，和碎肉混和，加酒、少許醬油、麻油、太白粉及蛋清攪勻。
3. 將拌好的碎肉塞入烏參之中。
4. 將烏參塞肉先用電鍋蒸約二十分鐘。
5. 起油鍋，將香菇炒一兩分鐘，再將蒸過的烏參下去同燴，同時放入其他高湯等調味料燜煮十分鐘左右。

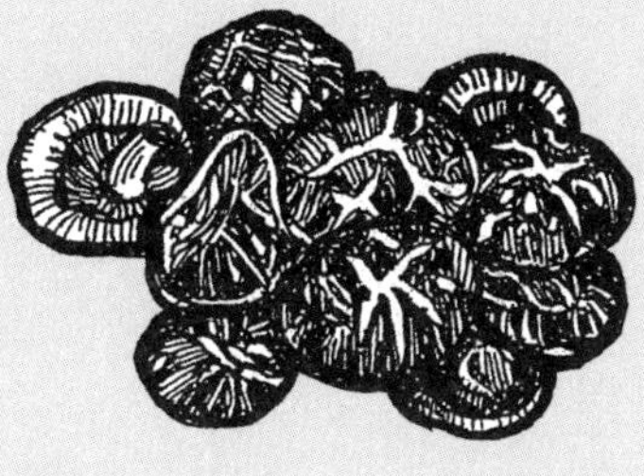

兩天的豬肉裹上五香粉或細麵包粉，放在荷葉裡包起來上蒸籠，荷葉一方面可以吸油，一方面香氣可以去豬肉的腥味，但是如果重點的荷葉香氣不在了，其實這道菜就沒什麼太大的意思。

類似的菜色還有珍珠丸子，淺醃過的絞肉，在手中捏成一個小丸子，做丸子的時候最好在手上不停的左右拋來拋去，以增加Q度，然後沾上糯米，再放到鋪了荷葉的蒸籠上去蒸，在蒸熟的過程中逐漸滲出的肉汁將糯米浸透，荷葉的清香則去掉了肉丸子油膩的氣味。

在大的肉丸子裡，揚州獅子頭是最叫得出名的菜色。獅子頭要做得鮮嫩，能入口即化，其一的要領就是選肉時肥瘦比例要對，也可以加點雞里肌混在其中，有時我甚至會加點魚漿進去，至於剁的功夫要夠，一定要用手工剁，剁的時候混點同樣剁得細的薑末或是荸薺，然後拌入一些蛋清使其更嫩而且可以凝固，再在手上不停的拍打，拍成一個球狀，然後放入鍋

・白菜獅子頭・

∵ 材料

絞肉　一斤（以後腿肉一半加五花肉一半，若要清爽些，比例可自行調配）
雞里肌　兩條（絞碎）
魚漿　半斤（可省略）
老薑　小半支
蝦米　一小把
荸薺　八顆（削皮）
大白菜　一棵
蔥段

醬油
糖
鹽
麻油
蛋清　兩顆

∵ 做法

1. 白菜洗淨切塊，老薑去皮切成末，蝦米及荸薺均切成末。
2. 將絞肉及雞絞肉和魚漿、荸薺、老薑加蛋清及太白粉、鹽、麻油、少許醬油和在一起，做成肉丸，做肉丸時需左右手輪流拍打肉丸。
3. 起油鍋，將肉丸下去炸，至表面金黃定型即可。
4. 將大白菜、蝦米和肉丸加入鹽及蔥段燜煮二十分鐘左右即可。

中淺煎，讓外表定型，再和大白菜、少許香菇、蝦米、木耳等一同放入鍋中燉煮至爛熟。通常我們都先把白菜吃完，肉丸則留到最後，說給朋友聽，朋友又說我們命好，有肉不吃吃白菜，但江浙菜就是這樣，好滋味都隱藏在邊緣不起眼的地方。

在家宴菜譜中，有些菜是必備的，名稱好聽，但吃起來沒什麼特別好或不好，如蜜汁火腿。在那個火腿、蓮子都昂貴的年代，材料就勝過一切，手藝的部分倒簡單。將買來的火腿切片，加冰糖和蓮子下去蒸，然後用薄吐司麵包去夾著吃，基本上是材料買得夠不夠好，火腿切片時下手夠不夠狠，捨得把周邊風乾的部分、帶蒿（有些腥臭味的意思）的部分多去掉一些就沒錯。

不論是海參、蜜汁火腿或獅子頭，我倒都覺得沒什麼稀奇。家常菜中有些不值錢的菜色，卻才是在餐館中少見的，例如說芋乃子排、鹹菜豆瓣泥、千張雪裡紅、紅燒臭豆腐、烏窩蛋、炸醬蛋，還有一樣最特別的是魚腸。

魚腸是用大的草魚腸來做的。通常必須拜託殺魚的攤販，在破魚的時候，先將完整的魚腸留下，拿回來後，用酒或麵粉將魚腸洗淨，然後放入碗中，和打混的蛋汁及酒去蒸，蒸熟即可沾醋來吃。新鮮的魚腸處理過後，一點也不腥氣，這是父親最喜愛的菜色之一。但是現在一般市場少有人殺那麼大隻的草魚，要找魚腸就不是一件簡單的事，算起來，餐桌上有二、三十年以上沒見過這道菜了。

芋乃子排則是用稱為芋乃的小芋頭剝皮和小排骨一起燉，燉到肉汁進入芋乃之中即可。有時候也將芋乃連皮蒸熟，然後直接剝皮沾鹽巴就可以拿來做為早餐配稀飯或下午點心。至於鹹菜豆瓣泥，是將灰色的發芽豆蒸熟去皮，再將之搗成泥狀，和剁碎的老鹹菜混合攪拌，再回蒸至熱即可上桌，有時也用綠色的蠶豆去做。千張雪裡紅也很簡單，把買回來的千張（或稱百頁），用鹼水將它泡到適當的爛度，洗淨後切成條狀，用一點點肉末和剁碎的雪裡紅放醬油和糖快速炒和再燜煮一下，其過程中，如何將千張泡到正好的地步是經驗，也是關鍵所在。這些典型的家常小菜，在一般菜館已愈來愈少見到了，偶爾吃到，總是勾起很多思親情結。中國人一向把吃飯看得比什麼都重要，和父母家庭的關係，都是圍繞著飯桌打轉，像導演侯孝賢以上海為背景的電影《海上花》，從頭到尾好像一半以上的場景都在餐桌上似的。

母親還有一些創意菜很有趣，像是鳥窩蛋，說穿了很簡單，把白煮蛋剝殼之後，裹上麵線，然後再放到油鍋裡去炸，炸到表面金黃，撈出對切，像個鳥窩一樣，其實沒什麼學問，不過白煮蛋配上鹹鹹的麵線，口感很好，稱得上是又好看又好吃。

·鳥窩蛋·

∴ 材料

雞蛋　數個

麵線　一把

∴ 做法

1. 將雞蛋連蛋殼煮熟，放涼後剝去蛋殼。
2. 把麵線一小束，均勻的纏在白煮蛋上。
3. 放到大油鍋裡去炸，不必加調味，麵線本身有鹽味，炸至金黃色即可撈出對切，是年節的喜氣元寶。

炸白煮蛋是個特殊的好主意。母親在做炸醬的時候，喜歡用爆香的肉丁、筍丁、切成丁的豆腐乾及表皮炸成金黃脆脆的白煮蛋一同和豆瓣醬及甜麵醬去燴，並放入一些冰糖，做出來的味道和北方麵館以肉末做的炸醬相當不同。小時候帶便當很常帶的一道菜就是炸醬蛋，便當裡若是放了炸醬，一盒飯一定很快就掃光。

素菜類之中有一種素雞則是家傳的獨家配方，將曬乾的半圓形豆腐皮一張張用微濕的布擦過，用醬油、麻油、鹽、糖等調味料加水調合成醬汁，將皮邊撕下，泡入醬汁中，再將豆腐皮半圓的那一面一層一層交錯鋪疊，每鋪一張就以泡過醬汁的皮邊做成一個刷子，刷過一道醬汁，疊了七張之後，在中心放上幾絲皮邊，然後將四角對折，最後像疊棉被一樣疊成長長一條，再用大火大油去炸，炸後放涼切成條狀，就是入味的素雞了。

我曾教朋友做這菜，朋友問我為什麼要疊七張，八張不可以嗎？這問題我從沒想過，後來我問姊姊，她想想說這是口感問題吧！這道菜據說是當年我的外公發明，過年時送去給廟裡的尼姑們吃的，也許他試過用六張或八張來做，口感不如七張好吧。不過我的朋友景翔說，他家用五張來做，他說因為外面賣的豆腐皮五張一疊，也許我和他去買的菜攤子不同，五張或七張，口感自己決定啦。

其他的素菜，烤麩則是宴會裡不可缺的重要配角。烤麩可以自己做，用麵粉提煉，不過相當麻煩。父親得尿毒症重病在床時，母親就帶著我做自己洗出來的麵筋。現成的烤麩，一個切成四塊或六塊大小，再用大火大油去炸，炸到內部熟透，再和香菇、冬筍、木耳、胡蘿蔔或高麗菜同燴。雖然和海參分別是一葷一素，但是我每每覺得這兩道菜味道有點接近，許是燴的時候的那一瓢豆瓣醬油的緣故。

在前菜之中，視季節而做茼蒿拌豆乾或鹹菜拌豆乾。將茼蒿、豆乾用

烤麩

材料

烤麩　六個
香菇　六朵，大花菇兩朵就可
胡蘿蔔　一條
茭白筍　四條

醬油
糖
鹽

做法

1. 將烤麩每塊切成四塊或六塊，茭白筍、木耳、胡蘿蔔切塊，香菇泡水切成厚片。
2. 先用高溫油將烤麩炸透撈出。
3. 另起一油鍋，將其他材料爆炒後再加入炸過的烤麩，然後放調味料燜煮約二十分鐘。
4. 可冷食亦可熱食。

水燙過，茼蒿剁碎，再和豆乾切細丁一起涼拌，調味料仍是醬油麻油鹽糖。有時我們也將生的萵苣筍滾刀切塊，先用鹽醃個半天，將澀味去除，再洗淨之後拌調味料，除了那幾樣不變的，偶爾加點極細的薑絲，十分美味。

涼拌菜中，海蜇皮切絲之後和榨菜絲一起涼拌，兩樣顏色相近口感不一的作料拌在一起，倒是很有意思，大約一是取榨菜的鹹味，一是有魚目混珠的效果，因為海蜇在以前也是頗高檔的食材。

此外母親還有一道不中不西的涼拌菜，是以洋菜為主，就是可以熬成洋菜凍的那種白色透明的洋菜，以開水洗淨泡軟切成段，再加上黃瓜絲、洋火腿絲、蛋皮絲等，加調味料拌勻，簡單容易，顏色漂亮，是很受孩子們歡迎的前菜。

在蔬菜之中，比較特別是一般市場少見的幾樣青菜，例如深綠菜葉白梗子的他古菜，有些類似青江菜的，冬天放在醃篤鮮之中或直接炒來吃，炒的時候為去澀味，多半會加點糖，或是用高湯稍煮一下。另外有一種好像湯匙菜的嫩芽部分，我們稱之雞毛菜，一大把炒起來只剩一點點，但是卻青嫩無比，非常特別，和切細的百頁絲一同炒也行。而最細嫩好吃的要算是剝了殼的豌豆，用扁四季豆剝出來的豌豆愈小愈嫩，用油鹽清炒最好吃。好的豌豆吃到嘴裡又甜又嫩，也非常下飯，若是和剁碎的雞肉做成雞蓉豌豆，又是另一道名菜。雞蓉的做法是要將雞的里肌部分用手工剁爛，和少許蛋清混成泥狀，放入大油鍋中過油成顆粒狀就是雞蓉，然後立刻用個大漏斗撈起，再另起鍋和小豌豆混炒，幾下子就可上桌，香嫩無比。

素菜之中，豆類製品干絲也是常見的菜式。老火干絲，是先把冬筍、香菇稍蒸一下，和干絲混在一起，再用老火腿熬的高湯不斷的淋上去，將其淋到熱透。這道菜也可以改為三絲或三鮮湯菜，以干絲為主，加火腿絲、香菇絲、筍絲和雞絲或鴨絲等其中兩種，同放入電鍋中清蒸，是一道很簡單清爽的家常菜。

油燜雙冬則是冬菇（即香菇）冬筍加入高湯同燴，最後放一些剝掉外葉的青江菜心，再勾芡即可。江浙菜中冬菇冬筍是蔬菜中的名角，冬筍雖有冬筍的鮮美，但是我想那是因為從前人沒吃過台灣夏天的綠竹筍或桂竹筍甚或麻竹筍和本地的新鮮香菇，否則不會那麼執戀這兩樣東西。

在國宴的時候，母親常會請刀功一流的阿姨做一道如意菜來。如意菜是過年必有的一道素菜，宴客時也會當作前菜上桌。如意菜取其形意，以黃豆芽為主，另把油豆腐、豆乾、多種醬菜、紅蘿蔔和醃過的嫩薑等切成細絲，再下鍋拌炒，食用時以冷食為主，可以放上好幾天也不會壞，是過年市場不開門時的儲備蔬菜。這道菜的特色是切功要細，炒起來才入味。嚴格說來，母親的切功也是不夠細的那種，我則每回切的都被母親批評為

・如意菜〔什錦菜〕・

∴ 材料

醃薑　三條
方型油豆腐　十個
胡蘿蔔　一條
黃豆芽　一大包
花瓜罐頭　二至三種
豆腐乾
酸菜　兩大片
木耳　七、八片

糖
鹽
醬油

∴ 做法

1. 將全部材料切細絲。
2. 放油下鍋炒，先放胡蘿蔔、豆乾、酸菜等硬的材料，再依序放易軟的材料，邊炒邊加調味料，包括罐頭內的醬汁一併倒入，直到所有材料均勻吸入調味料。
3. 可放入保鮮盒中放十天，每回食用時，必須用乾淨筷子夾出，吃剩的不可倒回去，容易生霉。

棍子，上不了檯面的，姊姊們的功力就比我好多了。

蔬菜裡還有就是冬天特有的薺菜冬筍。帶有清澀滋味的薺菜，剁碎之後和冬筍一起燉炒，或是將薺菜和豬肉一起剁碎做餃子餡或大菜包。早年的鼎泰豐就有薺菜包子，清甜中散發一股香氣。這樣的感覺好像很多菜系之中都有，只是代表的菜種不同而已。一回和前輩作家劉慕沙阿姨一同到苗栗去玩，在鄉間小路上她就採了些像香料類的植物，我問她那是什麼，她說叫昭和草，是她小時候常吃的一種野菜，氣味很特別。那天很巧合的是，下車時我拿錯了那包菜，把昭和草帶回家了，後來打電話給阿姨，她說你拿了就吃吃看吧，我照著她說的方法炒來吃，果然覺得味道怪怪的，有些苦澀的感覺，不是很習慣。後來在吃義大利菜、印度菜時，也常遇到一些味道奇怪的香料般的蔬菜，像野菜般的氣味，可能真是要有些懷鄉背景才能接受吧。只是上海人愛賣弄，原是野菜的薺菜，大作文章之後，弄成一種品味，因此就趁勢上了高檔餐桌。

說到醃製食品，每年一定做的醃製品就是酒釀。酒釀是先把糯米蒸熟，放入藥酒頭再灑上一些冰糖和米酒，然後層層包裹起來，最後一定是用棉被裹好放在衣櫥等它發酵，要放多久我已經忘了，反正到衣櫥發出酒香味，就知道可以開封了。開封後，如果是香醇甜美的，可以直接舀出來吃上一碗，如果味淡，那麼就會加上小湯圓和打散的雞蛋去煮成酒釀湯圓。如果味酸，就表示哪裡出了差錯，通常母親都會說，今年買的藥酒頭好或不好。

另外還會醃些泡菜。通常過年前一定會醃上一缸，把大白菜、紅蘿蔔、白蘿蔔用鹽抓過去掉苦水，再放入陶罐中，陶罐的封口用水封住，大約兩三週後打開來，有時候會有黴菌浮在上面，不過那時好像看到黴菌也沒什麼稀奇，用湯匙把它撈掉照樣就這麼吃了，那罐泡菜總要吃到春天過了才會吃完。基本上家裡那缸泡菜，和北方人的口味不一樣，比較清淡一些。此外母親也做醬蘿蔔，用醬油、糖、麻油將切成一片片的蘿蔔連皮醃上兩三天，味道十分清甜。

說到泡菜就想到臭豆腐，但是江浙人不炸臭豆腐，臭豆腐是用蒸的，在臭豆腐上放幾顆去皮的毛豆和一點點鹹菜清蒸。不過我家有時做紅燒臭豆腐，將肉末炒熟，放入臭豆腐，用醬油和冰糖燜煮至爛，和現在的麻辣臭豆腐做法差不多，只是一個加冰糖一個放辣椒。在麻辣臭豆腐未流行前，這種做法我倒是不曾在別地方見過。但是現在的臭豆腐，總覺得吃起來口感不好，要嫩不嫩、要爛不爛的，就算是炸的，也好像炸得不透。以前挑擔子賣的炸臭豆腐，多比現在路邊攤炸的入味好吃，至於附送的泡菜，那就不用說有多地道。

我對海鮮一向極有興趣，不論台式、滬式、粵式、和式、法式、義大利式都有興趣，唯獨對蝦子的偏好是承襲母親的遺傳。不論再大再名貴的什麼明蝦，一律不愛，獨獨鍾情於比拇指還小的沙蝦。每回去餐廳點菜，我問服務人員，蝦子多大，如果他不小心賣弄一下，今天的蝦好大，那麼就只好謝謝他。蝦子一大，肉質多半就老了，除了北海道做生魚片的牡丹蝦、櫻花蝦外，基本上超過拇指大的蝦子幾乎就很難受到我的青睞。在上海，現在倒是處處可以吃到那種小小的湖蝦，清甜純美。

而有不一樣的喜好的是我的公公。早年公公家裡捕魚，所以他非常懂魚，但是他只吃海魚。剛結婚時我弄不清楚，煮的魚似乎不合他口味，後來看他每天自己上市場買魚，我才漸漸搞懂他愛吃的魚竟和我的母親完全相反。人的口味真是天壤之別啊。好在那時我很少下廚，因為婆婆大人廚藝非常好，我就樂得吃現成的。

婆婆的菜色是有些日式台菜的風格，和我母親做菜的手法大不相同。

婆婆的每道菜都很細緻很用心，炒個菜脯蛋也是小火小火慢慢煎出來的，和杭州菜色中大油大火快速爆炒風格完全不一樣，我在娘家大鍋大碗煮慣了，家常菜反倒做得不細。

不過粗手粗腳的我，新婚回中部小鎮上的婆家時，倒是把婆家二姊給唬弄了一下。那年過年，廚房裡擠了婆婆姑媳等等一堆人，大家搶著找事做，我撿不到什麼工作，閒著難過，抓起一隻剛拜過天公的白煮雞，找了一把大菜刀就要剁下去。一旁的二姊看到我要剁雞，緊張的勸告我，這種困難的工作，留給媽媽做吧，她大概擔心我這台北去的外省千金，可別自不量力切到手指。不過對她的勸告，我卻回她一個非常自信的笑容，舉起大菜刀毫不遲疑就一刀下去，幾個回合下來，一隻雞被我切成漂亮的一盤，二姊在一旁則是讚嘆不已。我想到那句話「未諳姑食性，先遣小姑嘗」，洋洋得意我這一刀可成功了一半。

我不大會煮雞，但是會剁雞，小時候也會殺雞。殺雞的過程至今我還記得，先把雞翅膀往後交叉，雞就跑不走了，然後再踩住雞的雙腳，讓它無法掙扎，一手把雞頭往後拉，拔去雞脖子上的一截雞毛，再用刀劃過雞脖子，讓雞血滴入一隻已放了半碗水的碗裡，並不停的攪動，待雞血流盡，那碗混著雞血的水，立刻送去蒸，就做成了塊狀的雞血，流盡血的雞身則丟入熱水中燙過，再撈出來拔去全身的毛，然後清洗內臟等等。當年十一、二歲的我可以一個人完成。現在想來，實在是有些殘忍。但那個年代，好像比較關心的是院子裡的那隻雞什麼時候宰了正好。

相對於殺雞，殺魚就是小場面了。一隻活魚買來，通常都要先放在大盆子裡讓它吐上兩三天的沙，河魚長在池裡、湖裡、河裡，最怕就是土味太重，所以通常我們一定要先讓它在清水裡讓魚清清腸。吐了幾天沙的魚，可能會瘦一些，但是這手續卻不能省。殺魚的程序比較簡單，先用刀柄把魚打個五分昏，然後從魚肚一刀破下去，拉出魚肚內的內臟和臉頰邊的鰓等等，撿出可吃的部分保存起來。其中最要小心的是不可將魚肚內的苦膽弄破，一旦弄破，整條魚都會變苦，不管放多少醬油或糖都沒有用。接著刮去魚鱗，再清洗弄淨，不過刮魚鱗令人討厭的是因為魚鱗片兒滿天飛，殺條魚下來，頭髮、衣服都免不了沾滿了魚腥味。

母親會做魚，但是在料理雞的方面，我就覺得怎麼做也不及婆婆的白切雞，肥瘦火候總拿捏得恰到好處。在家宴國宴中，做得好的倒是爆田雞，同樣醬油、糖、酒的調味料下去，就可以爆出又香又嫩的一盤子。為什麼煮白斬雞的時侯就老是捉不住火候呢？真是奇怪。紹興菜中有一道名菜，白斬雞。現在上海有兩家餐廳「小紹興」和「振鼎雞」，都是吃白斬雞和雞汁粥、雞湯麵的。原來的「小紹興」經營方式較傳統，店面亂烘烘髒兮兮的，「振鼎雞」較現代化經營，但是要提早排隊。第一次去吃時就愛上了這兩家白斬雞的專賣店，可是隔幾個月再去，發現上海街頭到處都是這兩家的連鎖店，雞的品質卻大不如前，也許是大量開店，雞的來源供應改變，飼養的方式一變，和台灣的飼料雞沒兩樣，原有的風味不再，覺得十分悵然。

在台北，我到處找好吃的白切雞，北投和天母的蓬萊系列餐廳被我列為第一名，還有三峽的大榕樹路邊攤、三芝悅來亭等，都去拜訪過。著名的秀蘭小館不看它的價格，也覺得還不錯。紹興白切雞之外，也有醉雞做法的，不過母親很少做，我是長大以後才從朋友的母親那裡學來的。土雞煮熟後浸冰水，讓肉質收縮，放涼後去骨再加枸杞、人參及黃酒去醃泡，並在肉上加東西重壓，三四天後才可取出切小片，當前菜吃。

母親不大做醉雞，自創了一個改良式鹽焗雞，就是把紹興雞先蒸（或先煮）再醃的步驟倒過來，先醃再蒸，將帶骨的雞腿抹上一層薄鹽醃上半天，蒸之前先沖去表面剩餘的鹽粒，放些米酒或蔥段，等煮飯時，架在上端，與飯一起在電鍋內蒸個十五至二十分鐘，然後用筷子插入肉最厚的部分，試試熟度，不沾筷就表示熟了。就這樣一道簡單快速的佳餚，不多費什麼工夫就完成了。當年家裡不會煮飯的男生在外地讀書時，據說靠母親口頭教的鹽焗雞腿，熬過好些個日夜。

以前宴客中不論如何，雞鴨好像都是不可缺少的菜色，母親料理鴨多半做成八寶鴨。首先將糯米、香菇丁和蝦米等材料塞入鴨肚子中，然後用針線將肚子縫起來，送上蒸鍋蒸上半個多小時，用煤球煮飯時代當然更久，然後再放入醬油等常用的調味料去燜煮，直到鴨子爛熟卻又不至於爛過頭的地步。上桌時當場拆下縫線，鴨肚子中香噴噴的糯米飯就是最受歡迎的了。這道菜我並不十分欣賞，總覺得燜煮出來黑黑的醬色，不大吸引人。大姊做的香酥鴨我倒是比較喜歡，將鴨子先蒸熟，然後下大油鍋炸，炸到裡子外皮都酥脆，再沾胡椒鹽或甜麵醬吃。至於杭州有名的醬鴨，我不記得母親怎麼做的，在台灣的江浙館中，也找不到什麼好吃的醬鴨，不過香港有名的「杭州飯店」的醬鴨，我倒覺得很入味好吃。

不過鴨子再怎麼做我覺得還是比不上北京的烤鴨好吃，也比不過廣東式的燒鴨。八寶鴨在宴客菜單中逐漸受到冷落之後，母親就差我到台北羅斯福路上的李嘉興板鴨店買鹽水鴨來取代，一度也很受歡迎。不過我們對它的招牌南京板鴨卻一直吃不慣，總覺得太鹹。後來第一次吃到宜蘭的鴨賞，覺得十分美味，切得細細的配上薑絲炒一下，再配稀飯，吃起來就比較不鹹。想一想中國人做鴨，總是為了要去腥還是怎麼著，多是重口味做法，法國料理和現代日本料理中的鴨的做法就清淡得多。

婆婆沒見過她煮鴨子，但白切雞做得極好，我卻總也抓不到竅門，她還做一道朴肉，是我一直學不來的，就是將里肌切小片淺醃，再裹上調味過加了發粉的麵糊下去炸，炸成像麥當勞雞塊似的，非常好吃，好像是宜蘭菜，可是在外面餐廳很少見著這道菜做得好。婆婆的好菜之中，我學會了炒米粉，小時候我的母親也炒米粉，米粉裡加青江菜和肉絲以及炒蛋，和江浙式的炒年糕做法相同，味道還不錯，可是一把鍋鏟把米粉全給炒斷了，若是當餐沒吃完，接下來就全成爛糊糊的一堆了。婆婆的炒米粉是純台式的，她教我炒米粉之前要燉鍋滷肉，以肉汁做為醬料，然後用筷子去拌攪米粉，米粉才不會斷掉，小技巧指點一下就通，但學問卻在米粉起鍋之時的乾濕度要拿捏得好，我學會之後，母親便不再自己炒米粉了。我的婆婆廚藝不錯，據說早年婆家經濟條件不好時，她總是能想辦法用最便宜的材料做出好吃的菜來，我想那才是真本事真功夫。這幾年婆婆包的粽子，裡面加了大塊的瘦肉、栗子等，她的兒女們卻嫌料太多反倒不好吃了，每每說起小時候沒什麼講究的餡料的肉粽才好吃，真是難為婆婆。

婆家的大姊也承襲了婆婆的廚房功夫，隨便下碗麵也一定做到色香味俱全。二姊似乎在這方面的風格就完全不一樣，身為大學教授的她，做菜一定按標準來，煮飯一定用量杯量水，精準得一滴不能差，弄個檸檬紅茶也是幾湯匙茶葉配幾杯水、幾個檸檬，一點不馬虎。她看我做菜常常問我怎麼做的，我總說個不清不楚，不但調味料的分量沒一次準的，連材料也是隨時變通，所以做菜水準不一，失手的次數也不算少，如果做她的學生，一定被她當掉。還好她雖然搞不清楚我的筆記怎麼記的，卻很捧場我做的菜，總是給我大大的誇獎。不過每回年節我們秋風掃落葉的大火大油的在她的廚房裡大幹一場之後，害得愛乾淨的她過後要刷洗個好幾天呢。

做菜有時候動作要快要俐落，灑鹽放油故作瀟灑狀，不必量不必算，連嚐味道都可省了，但有些菜卻非得要一定的程式、一定的配方，馬虎不得。母親、姊姊和我母女幾人在廚房做菜常要拌嘴，雖是師父和徒弟，但是每人還是有很多程式和喜好是不相同的，真是一個廚房容不下兩個女人。母親對我做的西班牙海鮮飯頗不欣賞，什麼材料不論有殼沒殼不論厚薄熟嫩，一股腦全放在飯上面同時蒸烤，簡直是沒格調。偏偏我那時剛學了些西班牙菜、義大利菜，總要在家裡亂實驗，母親頗為受不了，不過她後來對小女婿的中式改良馬賽魚湯卻很讚美。

母親臨終之前，我們問她想吃什麼，我們以為她一定是想念她杭州老家某樣小食，沒想到她竟然說想吃小女婿的那碗馬賽魚湯，小女婿當然趕快去做了送到醫院，雖然母親只喝了幾口，卻成為小女婿最驕傲的事蹟之一。三十歲以後才學會燒開水的小女婿說，要學烹飪，我絕對不學做江浙菜、台菜、粵菜，那些菜怎麼做也難逃你們的挑剔，所謂吃要三代，我做外國菜，大家都不內行，都是第一代，沒人知道怎麼做才是對的，很容易討好。

母親其實也會做西餐，母親的西餐是舊上海時代混了俄式及歐式風格的西餐，其中的沙拉，混合煮熟並且切成丁的馬鈴薯、白煮蛋、胡蘿蔔、四季豆、蘋果、洋火腿、雞丁和生的小黃瓜等，材料並不特別，只是在從前那個還沒有美乃滋的年代，手工做沙拉醬才是稀奇事。首先要用蛋黃做底，用筷子不停的攪拌，再一小匙一小匙慢慢加入沙拉油去混合，如果沙拉油的量一次放太多，攪了一半的沙拉醬就會起化學變化，蛋歸蛋油歸油兩者分離，前功盡棄，需要重頭再來。所以一碗沙拉醬大約總要花上半小時或更多的時間來做，其間必須不能停止的攪動，最後加上一點醋，讓它定型不會再散開才算完工，相當麻煩。因此在那個沒有現成的美乃滋的年代，總是宴客才會做沙拉，做了沙拉，孩子們就拿吐司麵包夾著吃，營養十足。不過母親的沙拉，只限於那一種煮蛋和馬鈴薯沙拉，至於其他的生菜沙拉，早年倒是見都沒見過。

沙拉之外，羅宋湯和黃金炸豬排是另一種西餐。羅宋湯是以牛腩熬成的湯頭，再加上去皮的番茄、馬鈴薯、胡蘿蔔、四季豆和高麗菜等一起燉到爛，基本上湯要濃、要夠味，所以一次熬煮就是一大鍋，配上沙拉麵包，只能說幸福啊。在台北敦化北路有一家多年老店，它的羅宋湯就和我家做的很像，但是現在也愈做愈過於偷工減料，後來我在日本長崎的一間俄國館子也吃過，好親切喲。

黃金豬排則是後來我到維也納旅行時才發現它的元祖老家在那裡。將去骨的豬排，拍打一下，讓肉質變得緊一些，然後一層蛋液一層細麵包粉的將豬排裹住，最後再放到油鍋裡炸，要將豬排炸得好，火大油大是免不了的，待麵包粉的顏色變金黃，豬排剛好熟了的時候撈起，火候要抓得準，豬排才能鮮嫩多汁。撈起後稍放涼，再沾番茄醬或酸醬油（又稱辣醬油）食用。這道黃金豬排在台北信義路二段的中心餐廳還吃得到，桌上也

・維也納黃金豬排・

∴ 材料

大里肌豬肉（切片）
麵包粉　粗細各一
地瓜粉　少許
雞蛋　數個

醬油或番茄醬或日式豬排醬
米酒
糖
大蒜
胡椒

∵ 做法

1. 將肉片用刀柄拍薄，使其肉緊縮。
2. 若西式口味則用鹽和胡椒醃一小時，日式口味用少許醬油、米酒、糖、大蒜醃兩三小時。
3. 醃好的肉抹少許地瓜粉，再至打散的蛋汁中浸沾一下，然後上一層細麵包粉。
4. 再回至蛋汁中再浸沾一下，上一層粗麵包粉。
5. 包裹了麵包粉的肉排下大油鍋去炸，炸至金黃色即可。
6. 西式做法在吃的時候可加番茄醬，日式做法則沾日式帶酸味的豬排醬。

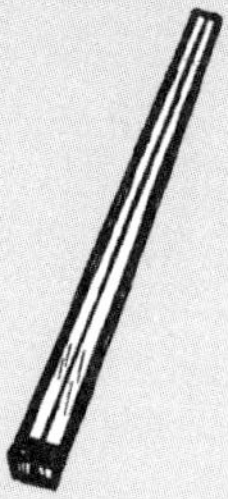

還放著那種辣醬油呢。前不久我在上海的紅房子西餐廳也吃過，它和日本人的豬排做法其實類似，不過日式的豬排較厚、麵包粉也較粗，口感並不完全相同。

葡國雞也算是西式料理之一，它和現在流行的日式咖哩雞的口味不大一樣。母親總是把雞剁成大塊，稍沾麵粉，下油鍋炸，炸到表皮有些焦脆，和爆炒過的洋蔥、馬鈴薯、胡蘿蔔再加入調好水的咖哩粉及鹽、糖等調味料稍微燴過至半熟，然後再放入電鍋去蒸，大約蒸半個多小時，到各種材料都熟爛即成，沒有現在用咖哩膏做出來的那麼黏，味道也清爽些。

由葡國雞發展出咖哩餃。但是那年代家裡沒有烤箱，要做西式點心，就要向朋友借一個烤箱來。那時候的烤箱也很有趣，外觀是像現在超商裡面放包子的那種蒸籠的樣子，但是不能插電，是要放到煤球爐上面去烤的，每回借一次來，總要做上好多咖哩餃才還回去。

西餐中，還有一道冰淇淋，那是大受歡迎的點心。在冰箱並不普遍的年代，冰淇淋無疑是生活中的極奢侈品。我們家裡很早就有冰箱，第一台冰箱是那種不必插電，只放大冰塊保持冰度的「土冰箱」，用了好像沒久，家裡就換了一台進口的奇異牌電冰箱。有了電冰箱，母親就開始做冰淇淋。也不知她是打哪學來的，她先調好了像霜淇淋的配方，那是怎麼調配的我就真的沒學到，反正攪了一桶像牛奶加糖之類的東西，就叫哥哥們用腳踏車載到製冰廠。為了怕將原料打翻，腳踏車不能騎，得用推著走，於是我就跟在後面跑。配料送到工廠後交給師傅倒進製冰淇淋的機器裡去打，我們便坐在那兒等，聽著機器發出敲打的聲音，想著即將製成的冰淇淋，愈來愈興奮。這樣打一桶冰淇淋在六〇年代初大約要八元，後來漲到十元。配料經過約四五十分鐘的攪拌或是什麼過程，出來就是細緻香濃的冰淇淋了，倒回原來的桶裡，我們得立刻以最快的速度護送回家，我哥哥一手推著腳踏車，一手扶著冰桶，急急忙忙的趕路，我也緊張的跟在後面跑。衝回家裡，所有的碗和湯匙都準備好，我們七手八腳的忙著將它一碗一碗的分裝好送進凍庫，連小湯匙也和冰淇淋一起凍在裡面，這樣吃的時候，才不會因為凍得太硬而挖不下去，很妙的一種吃冰淇淋的方法。無獨有偶，大學時，在新生南路現在紫藤蘆茶藝館旁的巷弄裡，找到一幢日式房屋改成的餐廳，名為「老爺餐廳」，它就是賣母親那個年代的上海式西餐，而最有趣的是，它的冰淇淋就和我家的一模一樣，不但口味相同，連那根凍住的湯匙也一樣，只是那時我家早就不自製冰淇淋，那間製冰工廠也早不存在了。

甜點之中，芋泥是最叫座的。芋泥的特別，在於蓋在芋泥底下的豆沙。以往每年要做兩次豆沙，一次在端午前，一次在過年。做豆沙是一件工程浩大的工作，為什麼不買現成的豆沙來用就好呢？按母親的說法是，外面機器做的豆沙太粗，吃得一嘴豆子皮（殼）。

為了做出細緻的豆沙，在煮紅豆時，一定要在水剛滾開第一次時，掀起鍋蓋，將浮起來的空豆殼撈掉。撈殼的手腳要快，否則蓋子一開，水不到最沸的時候，空殼很快就會沉下去和豆子混在一起撈不出來了。而掀鍋蓋的時間也要算得正好。豆殼若沒撈乾淨，以後怎麼吃，就總會吃到皮渣，所以這道手續是不能省的。我一直不知道有沒有更好的去殼的辦法，現在市面上有去殼的綠豆，我曾用來試做一次綠豆沙，但是那種機器去殼的豆子炒出來的味道就是不香，實在是沒辦法的事。

做豆沙接下來的另一個步驟也是要使出吃奶的力氣的。煮好的紅豆要裝在一個布袋裡用手或任何方法脫水，我曾想用洗衣機脫水，不過被母親斥責說太不衛生了，現在有做豆漿用的機器，我想是比較可行的。已煮過又去殼脫乾的豆仁大約成為粉色，從布袋中撈出來，再放入鍋子裡加豬油和糖不停的拌炒，其中豬油可用花生油代替，不過做出來後就沒有那麼香。這樣拌炒要一直把豆子炒到變成黑色，才算完工。

在以往沒有不沾鍋的時代，炒豆沙極其辛苦。由於在拌炒的過程要不時的加油和糖，非常容易黏鍋弄焦，所以在炒的過程中，沒有一秒鐘可以停下來。可是通常一次炒的數量，總在五斤以上，所以一定得兩個人輪番上陣，但仍無可避免的會炒得手酸。

比起做豆沙來，攪芋泥是簡單得多了。把芋頭去皮切片蒸熟，再用木杵將其攪到全爛，吃不出芋頭的纖維或顆粒，然後拿一個大碗，先鋪上約一半的豆沙，再鋪上攪碎的芋泥，然後母親的法寶是，再在最上層淋上薄薄的一層藕粉，然後用葡萄乾做裝飾，例如依場合排成一個壽字或春字。我不喜那樣傳統的裝飾，每回趁母親不注意，不放葡萄乾就直接放入鍋子內蒸，蒸到熱透，藕粉變得發亮，端上桌非常好看。不然就是在豆沙上面鋪上煮熟的糯米飯和一些蓮子、杏子、紅棗等再去蒸，弄成八寶飯。

做一次豆沙，可以做出好多點心來，最主要的是豆沙粽子，其次還可以拿來做元宵等等甜食。有一道很費工夫的「酥盒子」，就是用油酥和麵一層一層糅合，再包入豆沙，外形捏成韭菜盒子的樣子再放入油鍋中炸成金黃色，香氣十足。吃的時候可千萬要小心，裡面炸過之後的豆沙，溫度之高，一口咬下可就燙個正著，可是放涼了當然就不好吃，因此決定什麼時候吃，怎麼吃，這也是一門學問呢，當然這幾乎也是極高檔的宴客中才看得到的點心。至於比較普通的甜點，就是糖藕，在蓮藕中空洞的部分塞入糯米，然後放冰糖或加些蓮子或菊花瓣一同去蒸，蒸熟後切成一片一片的，冬天吃熱的、夏天放涼吃，據說有清火之用。

在沒有烤箱的年代，母親也會做一種清蒸蛋糕，用麵粉和雞蛋加糖去混合，可能有加些小蘇打粉還是發粉什麼的，再放入蒸籠裡蒸，蒸出來黃

・豆沙芋泥・

∴ 材料

豆沙　一小包　　糖

芋頭　一大個或兩小個　　豬油

∴ 做法

1. 芋頭去皮切片，加豬油及糖放入電鍋中蒸熟蒸爛。
2. 將尚熱之芋頭杵磨成泥狀，可一邊試甜味。
3. 取一大碗，碗面抹油，將豆沙放置在碗之底部中間，上面再鋪上芋泥，然後放入蒸籠中蒸透。
4. 取一大盤，將上項碗倒扣入盤即可食用。

黃嫩嫩的蛋糕，很鄉土很好吃。後來我在新竹城隍廟附近的一家百年糕餅店吃到了類似的東西，只是麵的口感更輕軟，就和台式包子與寧式包子的區別一樣。

母親的粽子也在親友間極為出名。除了端午，過年前母親也愛包粽子，甜鹹各半。包粽子的準備工程十分浩大，洗刷粽葉之外，泡糯米和做餡料，手續繁複。母親做的湖州粽子，用的是圓糯米，先浸泡一夜，鹹粽的則要加醬油浸泡。內餡部分，甜的得先做豆沙，豆沙做好搓成粗條，凝固的豬油也一樣搓成細條，鹹的部分則選五花肉或邊肉，切成長條塊，浸泡醬油、糖、酒一夜。湖州式的粽子和台式不同，是呈長形，用兩片粽葉合包的。甜的粽子先鋪上一層米，放入豆沙及豬油條後再覆上一層米，然後用粽葉包起，最後用白棉線捆紮。鹹的粽子則是以浸泡過醬油的米，放入浸過醬汁的五花肉，一個粽子內只放一條或兩條肉塊，沒有任何其他材料，然後用鹹草綁起，兩只紮成一串，以和甜粽區別。粽子包好後放入大鍋內煮，鍋內水必須蓋過粽子，煮約一小時或更久才大功告成，頓時屋內香氣四溢，宣告節慶就要開始。

此外小籠包、豆沙包、大菜包、大肉包、蔥油餅母親也都曾做過，後來街邊買買方便，她便很少再動手做了，我再做，就都是看食譜學，沒有傳承到這方面的手藝了。

鹹的點心方面，一年總要做一次筍豆，把筍子切成細條狀和黃豆一起放醬油下去煮，煮到熟透放涼吹乾，裝在罐子裡當零食來吃。宴客的鹹點還有眉毛餃，是一種長方型的餅，酥皮裡面包肉和榨菜，然後放在乾鍋裡烤，或叫烘。現在台北永康街的高記點心店還能吃到，不過方方長長的形狀，我想不出來誰的眉毛有那麼粗。用豬肉和榨菜做餡，中秋時母親還吃一種榨菜月餅，真是很特別的月餅。我的阿姨做得很好，可是孩子們卻好像不大稀奇，阿姨每年就做那幾個，她們老姊妹解饞，用三七比的水和油和麵，再用四六比的榨菜和五花肉做餡，據說表哥病逝之前，就是央著阿姨做了幾個吃。現在台北衡陽路上的幾間賣上海雜貨的老店，有時還看得到，但都不是現做現賣，放著皮都風乾了，看著頗難過。

母親一生宴客無數，不論大吃小吃，她總有本事前一分鐘在廚房忙得灰頭土臉，下一分鐘就輕輕鬆鬆端出一盤漂亮的菜，富富泰泰的好像不曾經歷過前面的油煙、忙亂，就做出來了。自信篤定的神情，似乎使得那些菜色加倍的可口誘人，而親朋們所記得的母親的家宴國宴，不只是母親做的菜色，還有那一種歡樂、愉快、溫馨的氣氛。那種氣氛，一直讓我們家庭延續著成為朋友親戚的精神中心，母親晚年，也常有後生晚輩三不五時的來探望她，八十多歲的她，仍是許多忘年之交的大家長。

母親過世後出殯那天，我們並未依習俗到廟裡擺素席，而是所有臨終時陪在她身邊的子孫們，聯手做了一場家宴，將母親宴席中常見的菜餚一一做出來，和阿姨、姨父及表哥等家人，大家坐在家裡的餐桌上一邊聊天，回憶父母親的種種，一邊吃菜喝酒。那天，酒量稱得上都還不錯的我們，幾乎都有些醉了，但我們談笑如常，就像她的菜色，所有深沉的悲痛，都像那只不起眼的茄子，深藏不露，以家常的姿態呈現出來。可是我們都知道，母親風華一時的國宴家宴隨著她的故去，再也不會原味重現。

學做菜

我不只從母親處自然的學到了一些廚藝，
更重要的是，看到她在做菜時，散發的自信與從容……

從來，廚房就是我生活的一部分。也許是童年時期，也許是蹣跚學步就開始，廚房始終就是生活裡最重要的地方，因為，廚房裡有媽媽，一天之中，媽媽最常待在廚房工作。

所以所以，蹣跚學步的時候，就知道到廚房找媽媽找食物找家裡那群貓兒們，媽媽總是順手給我一團麵粉、幾片菜葉，做為扮家家酒的材料。玩啊玩兒的，家家酒好像沒有玩多久，就順勢上了檯面，擠在兄姊們當中，有樣學樣的自然做起了廚工。因此，每回有朋友問我，「妳從什麼時候開始學做菜的？」往往我答不出來。我是什麼時候開始學的？幾歲？幾年級？真正開始做菜是哪一次呢？

從小在廚房裡、在菜市場跟著母親進進出出的，青菜買來摘下嫩葉、豬肉買來拔毛去皮、活魚買來開腸剖肚去鱗抹乾，一道道程序，看多了再跟著演練也就會了，所以很自然的，也不一定是哪一天，母親就說妳去把青菜炒一炒，我們就依樣去炒一盤菜出來，母親說爐子上的牛肉去攪一下，我們就聽話照做了，回想起來，似乎從來沒有怎麼正正經經的問過她這菜怎麼做，那菜怎麼做。

童年時期家裡有請人幫忙做家事，那些小姑娘大多是從她們十多歲時，什麼都不會做就從鄉下來到我家。母親很會教，幾年工夫，幾乎每一個從我家裡出去要回鄉或是去嫁人的，都練就一手燒菜的好功夫，當然不僅如此，從未受過學校教育的她們，大多還在我家學會了讀書寫字，後來有幾位和我們家人都成了好朋友，多年後，我曾試探性的問她們有沒有興趣做個生意開個餐廳，像秀蘭小館那樣的，她們大多後來生活得不錯，無意再辛苦開店。

我自己是從什麼時候開始獨立掌廚的？是因為家裡狀況走下坡，不再請人幫忙家事開始的嗎？那是什麼時候的事？十歲十一歲？

也曾經有朋友問我，你會做菜，是不是因為小時候家裡會打麻將，所以很早就得掌廚伺候牌局？這句話大約說對了一半，事實並不全然這樣。雖然有時候家裡有牌局，我們孩子們會幫著弄弄菜什麼的，不過大部分的菜色事前就已準備了七八分，臨到上桌，下鍋熱炒最後幾個菜其實很輕鬆。

我的母親非常能幹，但是算起來並不是很勤勞的那一型，記憶裡，她很少煮早餐給我們吃，因此兄弟姊妹們幾乎都沒有吃早餐的習慣，不過我們倒是一個個長得都還不錯。那時候，早上去上學，同學的便當幾乎都還是溫熱的，因為是他們媽媽或祖母一早就起來做的，所以他們有時候故意不蒸便當，上午第二節下課就打開便當來吃了。但是我們早上帶去的便當一定是冰的或是冷的，是用前晚剩下的菜餚來裝便當，幾乎前一天的晚餐菜和第二天的便當菜一定是相同的。

可是記憶中，從初中開始，就有同學老要搶我的便當吃，尤其是坐在我前面的那個同學。記得她的便當，永遠是一塊煮得很老、切得四四方方的紅燒肉、一塊煎得也整整齊齊的煎蛋、一些高麗菜，她說是她祖母每天早上起來做的，家裡每個小孩都一樣，男生的便當大一些，女生的小一些。偶爾一兩次，她帶幾個豆皮壽司，輪不到她吃，一定很快就被我們搶光，其他時候，倒是很少人覬覦她的便當，尤其那塊紅燒肉，我吃過幾次，很硬很乾，比起我母親的紅燒蹄膀當然是有些遜色。

她看我每天便當菜色不同，非常羨慕，其實大部分時候我卻不覺得有什麼特別好欣喜的，不過就是前一晚的剩菜，隨便裝一裝，母親是絕不會早上起來給我們做便當的。可是同學卻覺得菜和飯好軟好好吃。

後來我才體會出緣由，母親做的多是江浙菜，江浙菜又以燉菜占了很大的比例，比較不怕蒸了又蒸，台菜基本上承襲了部分日式的傳統，菜色其實以冷食為主，不大適合一蒸再蒸，所以有些同學根本從來不蒸便當，也當然必須勤勞的家庭主婦每天天不亮就起床做便當，並煮一家大小的早餐。

也許因為他們的母親、祖母都很勤勞，所以從來輪不到他們下廚，在我家，雖然母親主持家務，可是母親從不覺得廚房是她的專利地盤，並不會一手包攬所有家事，仍會分派我們工作，她很少說「小孩子不要亂動，」從不怕我們把東西弄壞了，因此我們很有機會學習，所以我也理所當然認為別人家也是差不多的情況。後來有時候我請朋友在廚房裡幫點小忙，發現他們連些廚房裡的基本動作都不會，例如說削薑皮，不懂拿刀背來刮，例如說荷包蛋，一煎就破，這時候的我，真的有些吃驚。一向我以為以我的年齡來說，都經歷過以前外食不多的時候，每個人不都多少會弄上幾道菜？後來才漸漸了解，不管男生女生，真的很多人從來沒下過廚，在一些家庭裡，廚房永遠是母親的專利，即使有些人也做了母親，做菜卻還是不怎麼靈光。

我不只從母親處自然的學到了一些廚藝，更重要的是，看到她在做菜時，散發的自信與從容。母親不論請的是什麼客人，不論做的菜好吃不好吃，優雅從容的態度是首要的條件。

我一直記得母親穿著晚宴旗袍，在廚房進進出出的樣子。那個時代的廚房大都在屋子最畸零的角落，密閉且通風不怎麼好，可是她就是能從容優閒地穿進鑽出準備菜餚、招呼賓客，看不出一點忙亂來。因此我雖然從不覺得自己有多會做菜，但是一向膽子大，敢實驗、愛請客，所以在朋友間好像算是有一兩手的。

可是當朋友來向我學做某道菜時，一直問這材料要放多少，那調味料要不要放，我畢竟非專業出身，做菜完全是跟著母親土法煉鋼，沒有受過正統訓練，要回答那些問題就很為難了，尤其看到他們拿個筆記好認真的要記錄下來，我就更加著急。

記得張大春的小說《我妹妹》中有一段提到主角妹妹有天心血來潮，拿了攝影機說是要把她奶奶的廚藝記錄下來，她一邊拍一邊問奶奶，做這菜要用多少材料啊？奶奶說，「人多就多放點，人少就少放點。」

我覺得奶奶回答得真好，我們那個年代，誰做菜是去學來的？不就邊看前輩怎麼做，不知不覺照著做就會了。燒菜煮飯不就這樣嗎？哪有食譜這回事？一個傅培梅，不過是電視上的人物，和我們從來扯不上關係。

英國食譜作家伊麗莎白大衛曾在談到煎蛋捲（omelette）的時候，說過一段話，我覺得一語中的，她說人人都知道只有一種方法，可以煎出完美的蛋捲，就是自己的那一種。

通常一道成功的菜色，可以透過食譜或專家的說法來完成，但是細節及口味這件事，真是沒什麼好爭辯。伊麗莎白大衛說的煎蛋捲，換做中國人的比喻，也許用蛋炒飯更為生動明確。

這道在一般中國家庭中最基本的食物，講究起來學問可大了呢。是史學教授、是作家也是美食家的逯耀東先生就最喜歡談蛋炒飯，他寫過很多關於蛋炒飯的文章，基本上他認為要鑑定某位廚師的武藝如何，先吃吃他的炒飯再說。蛋炒飯不只是家裡沒準備菜色時的備位食品，要將一盤飯炒得色香味俱全，一定也是要花工夫、花力氣去炒出來的。

說到蛋炒飯，有人做蛋炒飯喜歡先炒蛋再下飯，以便吃起來有蛋的感覺，但是另有一派是先炒飯，再下蛋，以便每一粒飯都可以被蛋包起來，而不僅如此，蛋是先打散再下還是不打散就下，又有不同的派系之爭。打散了再倒下去，每粒飯炒出來的顏色可以是相同而均勻的，不打散就直接將整顆蛋丟下去，那麼蛋白和蛋黃包裹的飯粒有些是白的、有些是黃的，顏色看起來繽紛美麗些，而用來做蛋炒飯的飯，有一派是冷飯派，有一派是熱飯派，當然所用的飯，是要煮到個什麼程度，各自的講究又不相同。所以說什麼才是好吃的蛋炒飯，就是自己堅持的那一種。

就像在城市餐廳裡，我最不喜歡去的就是咖啡店內販賣的商業午餐，往往和朋友意見相左。商業午餐基本上就是以兩三樣家常小菜配上一碗湯和水果飲料，一般的咖啡店內的廚房，不太有機會用大火大油做菜，不論是和正式的餐廳或路邊攤比，先天上器材就不足。

以家庭主婦的立場來說，出外吃飯，總想吃些好吃的、特別的、家裡吃不到的，但是以長期的外食族而言，可能最想吃的是新鮮現炒的菜色，所以中午能夠有機會不吃便當，走到咖啡店裡吃幾道小菜，最覺得幸福。所以什麼才是好吃的東西，時間、地點、心情都是因素，做法和材料很多時候反倒不那麼重要。

而且，不論講究與否，做菜的很多細節是食譜上無法記載的。簡單的說，每道菜的材料、成分、數量不是每天相同的，即使照著食譜上做出來，味道也不一定一樣，畢竟雞不是同一隻雞、魚不是同一條魚，肉質大小不一，火候的拿捏自然就不同。難怪據說有些大餐館裡蒸魚的師傅，每天就盯著那幾隻魚，薪水卻比總經理還高呢，那功夫可不是食譜上說得清楚的呢。

蒸魚如此，煮雞如此，蛋捲如此，蛋炒飯也如此，做菜是門藝術，功力實在不是一本食譜可以背得的。基本上，會做菜的人，很多菜色即使沒有做過，嚐了幾口也知三四，其實基本功力是一定的素養，最主要是他們對食材的了解，才能知道什麼材料的性質適合怎麼變化。

有一個日本電視節目《電視冠軍》，往往在一場廚藝大賽中，要決定誰的廚藝好，會請參賽者們到沒有約定好的尋常人家的廚房，請他們就現有的食材、家常的烹飪器材做出法國料理或義大利料理，這時就要看那位主廚對食材是不是內行，什麼東西經過哪些處理方法，會有不同的滋味和口感出來，那些參賽者往往都不會令我們失望。

能隨機應變的不只是專業廚師，家裡的主廚也必須具備這些基本功夫。冰箱裡有什麼，總能變點花樣出來，最主要的，還要有辦法把前一餐的剩菜，經過加工，能夠變得更好吃也更誘人。而更厲害的是那些還沒有冰箱的年代的家庭主婦，要很清楚知道什麼菜是可以放過夜的，什麼菜要怎麼醃怎麼滷才好儲存。

所以不只是做中國家庭料理，我也愛看西餐食譜、南洋食譜，有些菜色，中西合璧，更添風味。像是聖誕節或感恩節，有時候應朋友要求，感恩節聖誕節烤隻火雞來過個洋人的節慶。可是火雞個頭大，我又沒有美國人的習慣，吃火雞就只有火雞，總是旁邊還做一堆其他菜色，因此很少一餐就可以把隻大火雞吃完的，甚至常常還會剩下許多，所以到了第二餐，我就把還完整的大片火雞肉取下來做三明治，第三餐，把剩餘下來的肉撕成小塊或條狀，再和小黃瓜及少許麻油醬油拌在一起，做成山東燒雞，第四餐如果還有剩，同樣撕成小塊拌義大利麵來吃，雞骨則和一堆大白菜粉絲熬湯，充分達到一雞五吃的做法。

一位朋友，做法式甜點，常使的一招是用薑絲和餛飩皮炸過之後，拿來當作可食用的裝飾材料，非常特別。

熟知食材的特性，就地取材最是高招。外國菜中式吃法，中國菜同樣也可以外國吃法，我常用剩菜混以新鮮蔬菜拌成沙拉，例如叉燒肉、炸雞等，甚至是零食點心如受潮的花生、薯片、魷魚絲，都可以切絲或再爆炒過、磨碎後加到沙拉裡使用。至於醬料，同樣中西並用，中國的麻油、醬油可都是做貌似沙拉醬的祕方。不只如此，只要能吃的就都可以變通，做紹興醉雞，我有時候加些中藥材下去，紅棗、人參、當歸、枸杞都很好用，肉桂葉、月桂粉加些下去也無妨，肉骨茶的配方有時候運用在煮蔬菜或燉豬腳、炒蝦仁什麼的，看看櫃子裡有什麼十全大補帖，全給下下去，會有意想不到的風味出現。

此外燉雞燉肉，先過水之後浸泡冰水，讓肉質緊收，這也是從西餐之中學來的方法，以前母親做菜似乎沒這樣處理過。

雖然很多時候，菜式可以改良可以創新，但是目前有些雅痞餐廳裡有所謂的創意菜，我卻不是那麼接受。我總覺得菜式有其文化演繹的過程，一道菜經過世代那麼多人操練過，呈現出來的必然有其特色，要壞其流、破其體，必須有相當的道理。雖然我愛實驗，但是失敗的機率也不算少，做不成功，沒人看到就算了，可是有些創意菜，改良得不三不四，更生氣的是往往價格三級跳，就令人覺得還是老老實實做出來好。更有些時候，一些標榜古早味的餐廳，卻跳過原有的複雜程序，以速成的方式推出所謂的鄉土料理，看了更讓人生氣。

日本人做和風法國菜、或日式義大利料理，在一些出色的餐廳裡，算是做得非常融合，基本上，主廚對食材的特性有了充分了解，才下手處理融合東西風味。目前頗流行的義大利式生魚片（Carpaccio），將生魚片和義大利式醃菜，如彩色椒混在一起，美觀又可口；還有夏威夷式生魚片（Ahi Poke），其中的生魚片不論是先用醬油浸過，或將表皮稍稍煎過，加上磨碎的夏威夷堅果等混合涼拌各有不同風味。

說到醬油，以前做菜一瓶醬油從頭到底，現在冰箱裡、架子上，七七八八擺了台式的、滬式的、粵式的、日式的各種不同口味的醬油，其他無國界的調味料更是林林總總，所以做菜時，常常心血來潮，這放幾匙，那加幾滴，朋友看我做菜，以為這是我獨家祕方，拿個筆記本要記下

・夏威夷式鮪魚生魚片（Ahi Poke）・

材料

鮪魚生魚片（切成一口大小方塊）
辣椒（剁碎）
花生（去皮磨碎）
青蔥（切花）
醬油
麻油

做法

1. 用大碗將調味料混合，將生魚片放入，以每塊魚肉都能浸到醬料為原則，包保鮮膜置入冰箱兩小時。
2. 取出和花生細碎顆粒及青蔥拌和，裝盤時，可用各種生菜裝飾，亦可炒香芝麻撒上。剩下的調味料可做其他沙拉拌醬。

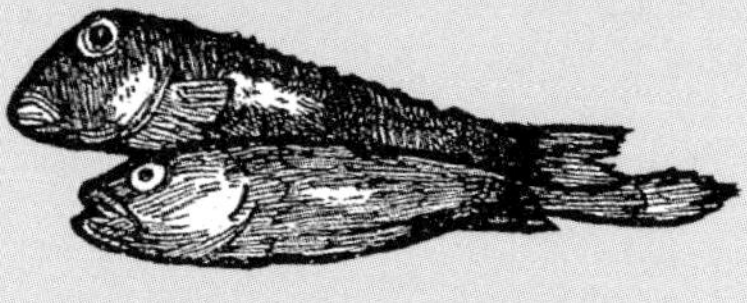

來，我不是藏私，只是要他不必那麼規矩照做，有些調味料不是家家戶戶常用的，大可不必為了那幾滴就去買一罐，現成的有什麼加什麼。經驗、創意和靈感在很多時候也很重要，當然這成敗的風險可能就大得多，但是我寧願這樣，每人口味不同，做菜的人每天心情也不同。

做菜和雕琢一件藝術品一樣，除了基本功夫基本步驟基本材料好不好，靈感和心情也占了很大的比例。有些時候，同樣的材料和火候，做出來的口味就是不盡相同，愈是緊張急躁，愈是做不成功。號稱我的拿手菜「紅燒牛肉」，就曾在美食家面前大失手過，讓我顏面掃地。

我喜歡品嚐不同菜色，也常把食譜裡的中外名菜，亂加添材料或改變材料，朋友知道我的實驗膽量，常送來一些他們去某地旅遊時買回來卻不會使用的當地土產和食材來給我，尤其是香料類的。我的食物櫃裡常有很多奇怪的食材，有些聞名已久卻不曾見過，有些異常珍貴捨不得用放到過期，更多是不知要拿來做什麼，買回來的人不忍心丟它，想減輕他們的罪惡感，轉一手送來給我，想我總有能力處理，可我本領沒有這麼大，常常最後還是進了垃圾桶。不過這種事，我也做過不少，當時見獵心喜，不知好歹的買回來，結果實用性可想而知。

有些不怕死的朋友，說是很願意當我的白老鼠，可是愛面子的我，總也還是會先做一些有把握的菜準備著。做菜宴客怕臨場失手，我覺得冷盤是最好運用的。不論中外菜色，冷菜由於事前可以做好，現場的考驗就不必占那麼大的比重，同時也可以是上菜之間的調劑。

江浙菜裡所謂的幾小件幾小盆之類的，占了很大比例。烤麩、油燜筍、蔥烤鯽魚、醉雞等等，都是可以事前先做好的，做不好就不拿出來，反正中國菜宴客，前菜冷菜或主菜都有很多道，一場宴席之後，菜一定會剩下很多，所以多一樣少一樣好像沒有什麼關係。不只如此，江浙菜燉菜多，事前作業大約就做到七八分熟，所以上桌之前主廚心裡大約也有個譜，宴客時失手的機會不多，潮州菜裡的打冷，台菜裡的黑白切，也同樣是可以事前做好，到時切好或稍燙一下就端上桌的。若說遠一些的，義大利酸菜，如醃過的甜椒、茄子、番茄等等，是在餐點之中必備且占有很重要位置的前菜；西班牙冷菜更是在很多時候是可以取代主菜的，在西班牙餐館只吃預先做好的冷菜一點也不奇怪。

在美國吃火雞吃牛排，主廚的風險就比較大，前菜多半只是點綴，主菜一道或兩道，失手了就很難補救。中國菜圓桌吃，十個人總有八道、十道菜共同分享，這道不合口味吃那道就是了，選擇機會多。不過我有一次在倫敦的中餐館，看到一桌老外，各人點各人要吃的，結果一桌子上同時來了五條紅燒魚、四盤蝦仁炒蛋，你不能說他們不對，但是看著他們每個人對著一盤菜那樣吃，實在有些怪異，也怕他們鹹死。當然，也許我們吃西餐的時候，你一口我一口，你點的魚和我點的肉混著吃，他們更受不了呢。

我有時候覺得做菜和開車一樣，很多人都會，但是有人每天做菜，卻始終做不好，有人開了一輩子車，車子就是開得不夠帥。

我對某些大廚，每每說到什麼菜色加了什麼祕方的不能公開，便嗤之以鼻，做菜的祕方在手順，手感對了，自然就做得出色，說是配料有祕方，不如說做菜的方法有訣竅，有什麼不能公開的祕方嘛！如果拿了祕方，就能做得一模一樣，那有什麼了不起？也有時候聽說某某食物裡放了二十多種祕密配料，我倒覺得，一種口味之中，摻了二十多種材料下去，那麼就一定不是什麼祕方，不過就是個大雜燴罷了，五味雜陳，有什麼稀奇呢？所謂的祕方，很多時候就是應用一些藥材和香料，如何應用？多試試吧，大麻和罌粟花籽不也都被應用到食材裡嗎？

一道好吃的菜不只是配方而已，師傅的手藝才是本領。像蛋炒飯啊，有什麼特殊的材料嗎？我們一般人炒得出來嗎？每家館子店裡都炒得出香噴噴活跳跳的蛋炒飯嗎？我相信有些訣竅真的不是大廚藏私，實在是很難傳授。好吃的菜色廚師的功力占了大半，尤其現代人，忙了一天，大部分不願再花心思做上一道菜，草草達到果腹的目的就罷了，哪裡用到什麼祕方呢？祕方就是花力氣去做，不花力氣再多的祕方也是沒有用。

做一道好菜，材料、順序之外，工具當然也是最重要的。我總以為中國人用的那把大菜刀是全世界最好用的烹飪用具，一把刀可以剁骨、可以切絲、可以削皮、可以將菜處理到最細的部分。不像西餐用刀，切肉的切魚的切香料的壓大蒜的，一個廚房裡，各種不同的菜刀一字排開。中國人就那麼一把或兩把，依不同的習慣分大一些和小一些的，有時候相同的菜刀左右開攻，但基本上重量一定要夠，否則太輕的菜刀不好剁碎食材。

小時候，廚房裡總有刮魚鱗的刨子，拔豬毛的夾子，但是現在魚鱗、豬毛大多在市場裡就處理好，一般家裡廚房倒都不見這些小道具了。

我最羨慕大廚師們用的那把大勺子，一把勺子、一個圓鍋，一切搞定。大廚們是不用鍋鏟的，鍋鏟容易把菜鏟碎，我的功力沒那麼高深，若怕鍋鏟弄碎完整的食材，常用的道具則是一雙長筷子，筷子可以下麵、可以炒菜、可以翻攪煮物，也可以檢驗菜的熟爛程度和油的溫度，相當萬能。

說筷子萬能，這又是中國人的驕傲，吃飯一雙筷子搞定，如果筷子拿得夠標準，什麼細小的菜屑肉末飯粒都可以夾得起來，西餐裡刀啊叉啊的排一排，和筷子比較起來，使用上功能有些不足。當然吃西餐裡的牛排、沙拉，用筷子是有些兒尷尬，不過日本人也常用筷子吃牛排吃沙拉，事前將牛排切好沙拉切細，一樣能吃得優雅。

吃飯做菜，先了解材料的屬性，自然就能運用自如，發現屬於自己喜歡的那份蛋捲，那就是你的祕方。

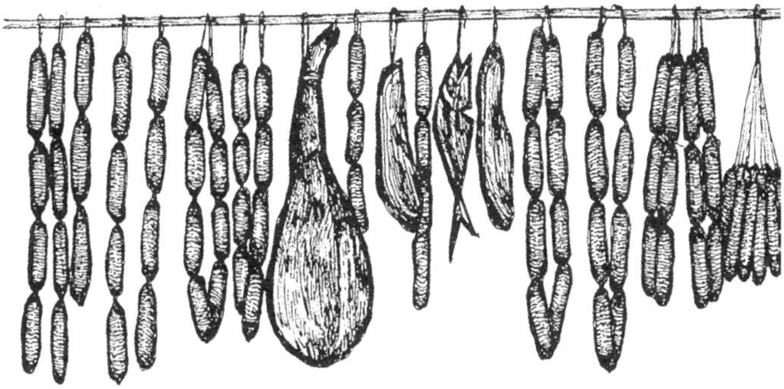

陽光 貓與火腿

那樣一個暖陽初露的午後，年節的喧嘩已經過去……院子裡也安靜得幾乎要聽到花開的聲音，火腿的香氣卻遠遠超過花香，吸引了遠近的大小貓兒們，大夥安靜的守候著那一串串冒著出油的臘腸、火腿。

一直不能忘記童年時的一幅景象。庭院裡曬衣架上，整齊的吊著一串火腿、香腸、臘肉。開春的第一道陽光下，那些放了跨年的南北貨，在暖和的陽光烘烤下冒出發亮的油光，架子底下，卻排著更長一隊的野貓，巴巴的仰著頭，看著香氣四溢的火腿、臘肉，一動也不動的蹲在那裡，而屋子裡，落地窗邊，太陽照得到的地板上，家裡養的貓懶散的躺在那裡，隔著玻璃窗，卻又不時瞪著窗外庭院裡那一串串的火腿、臘肉，或是瞪著那一群貓兒們，不讓牠們輕舉妄動。

那樣一個暖陽初露的午後，年節的喧嘩已經過去，寒假也已經結束，屋子裡靜悄悄的，院子裡也安靜得幾乎要聽到花開的聲音，熏肉的香氣卻遠遠超過花香，吸引了遠近的大小貓兒們，大夥安靜的守候著那一串串冒著出油的臘腸、火腿。

在五〇、六〇年代，台北也還沒有什麼高樓大廈，陽光充足，開春的三月天，蒼蠅蚊蟲還不多，正是將擺放了一兩個月還捨不得吃完的臘肉、火腿、香腸拿出來曬的好天氣。那年頭，那些年貨和一些珍貴的東西，好像永遠不曾趁著新鮮快快解決了它，總是要把好端端的材料，擺放到端午之後，表皮開始有些長霉，才會全部吃完，所以這期間便要一次兩次趁好天氣拿出來曬太陽。

曬太陽的時候，貓兒們除了可以聞一整天的香味，只能偶爾舔到一些滴下來的油脂，主人是絕不會粗心到把那麼珍貴的食材掛在讓貓們有機可乘的高度，可是閒來無事、不常有好吃的貓兒們，大約總也抱著望梅止渴的心情，整天就那樣安靜的蹲在竹竿下，守候著那一串串誘人的臘腸。

那樣一個安靜的下午，母親還在午睡，或是手上織著一件又一件美麗的毛衣，陽光、火腿和貓咪，還有我的童年。那時我並不知道，從來衣食無缺的我有一個和別人不大一樣的童年。因此每回我把那樣的童年場景講給別人聽時，朋友覺得在那個物資普遍缺乏的年代，這樣的童年景象實在相當的超現實，聽起來像一個電影場景，但是那確是我童年印記中最深刻的印象之一。

那是過年之後的剩餘年貨，在年前，哥哥姊姊們便調皮的在某些別人送來的火腿上做記號。那年代，逢年過節，媽媽總是忙著和親朋好友交換年節禮物，來來往往的就是那些臘味年貨，一隻送到某家的火腿，輾轉好幾手，又回到了我們家，一盒香腸臘味，轉到快要發霉，送來送去的年貨，我們看記號便知道，進過家門幾回，大家笑得樂不可支。那樣的禮尚往來的遊戲，每個年節都要上演好幾回，奇怪那些親朋好友明知道卻還總是要玩這種遊戲，最後到底誰吃到了？總是要等到四月五月端午過後還沒吃完，講禮俗講了半天，其實是講面子，誰也沒占到誰的便宜。

可是當自己年紀到某個階段時，驀然發現，自己早就具備了這方面的慧根，甚至有過之無不及，平時沒事就常和朋友互報好康的相約去吃、去買一盒糕餅、半隻土雞、一塊榨菜、幾瓶自家釀的梅酒、一些特別的調味料、某些好久不見的古早味也分來分去不嫌煩。到了年節，手上有什麼好料，或做了什麼好吃的，更是呼朋引伴的相約在某人家或我們熟識的咖啡店裡，把各家的貨色一樣一樣攤開來彼此交換，狀況激烈，我們說總有一天要大家都把車子開到一塊空地上，把行李箱打開來回到市集以物易物的時代。更有一回，我膽子不小的約了十幾個人一同採購一同做年菜，活生生把個進口大冰箱給壓到隔板架都垮了，盛況不亞於母親當年，兒子在旁同樣扮演不屑的角色。

香腸火腿之外，年節之後，曬棉被、換椅套又是另一件大事。冬天遠去，春暖花開，棉被、椅套隨著季節亦要更換。總是接連著幾個好天，曬火腿、曬棉被、換椅套，甚至是換窗帘。依著時序，椅套和窗帘也配上不同的花色，但是拆下來、裝上去卻是一件件大工程。那個年代，也還沒有被套發明，所有棉被套都要一針一線用手縫上去，換洗一次便要縫一次。最喜歡母親將棉被鋪在地板上縫被套的時節，我們可以趁機躺在上面打幾個滾，在母親斥責之前，又一溜煙的飛逃出去。那些溫暖的記憶，彷彿一輩子就這樣儲存在腦海裡，永不磨滅，甚至那些氣味，火腿臘腸被太陽烘曬之後的油香味，漿過且殘留著曬過太陽味道的被套，交織出一份童年的滋味。

回憶童年，最容易想起的氣味，廣告詞上不都說，有媽媽的味道。我的朋友小陸，她在香港出生，三歲時遷居台灣，對於童年的香港，她說不曾有印象，但是二十多年後她第一次回到香港，聞到了巷子裡傳來蝦醬炒空心菜的味道，她確定這是她居住過的城市。

台灣開放去大陸探親那一年，我第一次到杭州，事先未曾寫信通電話的便直接闖到從未謀面的姑媽家，一時之間我這個台灣出生的嫡親的侄女兒當然把親戚們搞得人仰馬翻，除了問候聊家族的老事新事，匆忙中表嫂端出來一碗放了糖的水噗蛋，我一看便立刻感受到這是爸爸的老家。小時候家裡來了不速之客，最快最簡易的就是煮一碗糖水再打兩個蛋下去，這甜的水噗蛋，我們稱為糖蛋，也是父親唯一會做的一道點心。

父親是早一輩的中國老爺，不曾下過廚房，但是那一天，二嫂生孩子，父親頭一次抱孫子，高興得不得了，自己跑到廚房去，找了個小鍋子，要我幫他點瓦斯，就煮了那麼兩個蛋，然後要我立刻端去產房給二嫂進補。那是第一次也幾乎是唯一的一次看見父親下廚，做了那碗糖蛋，就和杭州表嫂端出來的點心是一模一樣的。那兩個蛋，其實我們好多年沒吃過了，我一面吃，姑媽急著要將四十年來的家族生活、四十年的思念和苦難一次說個夠，四十年的那一碗糖蛋在嘴裡，真是百般滋味。

食物和記憶的關係真是最最密不可分。從小到大，綠豆湯是家裡常見的點心之一，但印象最深的卻是六〇年代，家家戶戶半夜看電視轉播的棒球賽，不管是少棒、青棒還是青少棒。那時候父親身體已經很不行了，可是他撐著半夜要起來看球賽，準備要看的那天下午，他便會催我去煮綠豆湯，半夜球賽開打，一到第二局開始，便叫我去熱一些來吃，好像吃了才好給球隊加油。所以後來每回喝綠豆湯，就覺得要打開電視來看看是不是有球賽，記憶中，某些食物和某些事情總是連成一串。

那一回去上海，滿街的招牌非常熟悉的名字，有些是聽母親說過多少遍的，有些是童年時期台北衡陽街（更早名上海路）一帶的那些熟食店、雜貨店的名字，「老大昌」、「老天祿」、「和興」、「五芳齋」、「采芝齋」、「伍中行」。仔細瞧瞧，多是小時候家裡逢年過節常見的點心零食。

那些零食和台灣鹿港「玉珍齋」可大不一樣。桂花涼糕、山楂糕、芝麻花生酥、玫瑰松子軟糖、椒切片、雪片糕、條豆糕、方糕、棗泥酥餅、玫瑰酥糖、花生酥糖、玫瑰瓜子、甘草瓜子等等。基本上滬式茶點和台式茶點我覺得最大的不同在香料，玉珍齋的酥糖酥餅有一種特殊的台式糕餅香氣，咬一口就知道這是台式的點心，上海式的香氣則是另一種，同樣是酥皮、豬油做的，好吃的也同樣講究細膩的口感，但吃起來就是不一樣。

在這些糕餅之中，我覺得最奇怪的是玫瑰瓜子。一粒粒比一般的醬油瓜子小一半的小小圓圓的西瓜子，炒得甜甜帶玫瑰香氣，可是非常難咬，技術不好的很難像嗑醬油瓜子一樣，對準尖端一咬下去分成兩瓣。沒受過訓練的人，牙齒再利，也是咬得一嘴碎殼，殼肉難分，不知是吞下去還是吐出來的好。但是如果會嗑，嗑的人同樣風雅綽約，可以咬開完整的兩瓣殼，剩下果肉的滋味細嫩香甜，也許這就是上海人沒事找事嗑這瓜子的緣由。記得讀過一篇逯耀東先生的文章講到瓜子，他說北京曾有一個炒瓜子評比活動，比的時候，不只數百種瓜子一字排開，任君品嚐，有女同志數名，著旗袍披著某品牌瓜子的彩帶，也一字排開，想著那會場的聲音及景象，說不出的滑稽之感。現在台灣人聚餐不再流行嗑瓜子，連婚宴上也不常見這道文明或不文明的零食了。

江浙式的那些糕糕點點，花樣還真繁多，有的現吃，有的可以放久，現在在台北除了在專門店有賣，很少在其他地方看到，可見就算江浙菜廣為流傳，江浙茶食卻日漸式微。近年來我到上海那些點心店，看著那些好像擺了很久的糕點，引不起多大的購買欲，也許這些茶食賣相不夠現代，和講新鮮講美觀的西式日式現代點心不能相比。

再走進飯館，更清楚明白了母親從前為什麼炒青菜也放糖放水去煮，源頭就在這兒。有些餐廳，不管是什麼青菜，每一道都煮得軟軟爛爛的，就和早年時家裡餐桌上的菜色一樣。可是在台灣居住了大半輩子的母親，那年回上海杭州探親回來說，那些菜又油又鹹的，口味太重吃不慣了。母親一定找到她童年的滋味了，但是她不得不承認她也改變了。不過那是剛開放時候的事了，最近一兩年再去上海，著實吃到了些好東西，十里洋場的時代似乎就快回來了，文革被革掉的那些走資廚子，留下來的，有強盛的生存能力，恐怕要不了多久，上海必然成為世界性的美食天堂。

母親沒有等到十里洋場風華再現的時代，她對故鄉似乎沒有什麼浪漫的憧憬，那一趟回鄉之旅之後，也不曾說要再回去，只依然和說著上海口音國語的老友們打著十六張台灣麻將，他們一群老先生老太太安心的吃她漸漸變調的台式滬菜，餐桌上愈來愈少見以前永遠存在著的那一盤炒得爛爛的青梗菜(或青江菜)。

記得我童年時代，母親對台灣的青菜似乎認識還不清楚，餐桌上永遠一盤菜葉都炒成黑色的青梗菜。偶爾見到她買一把空心菜回來，她就像摘豆苗一樣，把梗子的部分丟掉，留下葉子炒來吃，所以小時候我們認為台灣蕹菜一點也不好吃。直到我十多歲那時，有一天在報紙上看到一篇文章談空心菜，我才大吃一驚，原來我們一直「吃錯了」，空心菜好吃的是梗子，結果全被我們給摘掉了。我把報紙拿給母親看，母親看了半天，悻悻然的說，梗子那麼硬怎麼會好吃？結果下回菜葉子是丟了，可是剩下的梗子她還是放水下去煮，想把空心菜梗煮到爛。不記得我家餐桌上的空心菜是多久以後才覺悟那麼三兩下快炒上桌的。

母親的快炒其實很有兩下子，韭黃鱔魚、腰花蝦仁、碗豆牛肉，都炒得剛熟又嫩，入口即化，可是為什麼炒個青菜就炒成那樣呢？習慣性吧？母親吃東西細，凡稍微粗的東西，就覺得要想法把它煮爛，也許母親那一代的人牙齒比較不好吧！會嗎？母親生就一口好牙，七十歲還啃甘蔗，連甘蔗結都啃下去。

做菜、吃菜習慣的改變，源自於環境背景的演變。我曾在台北街頭的麥當勞，見過攝影名家郎靜山先生，那時他九十多歲了，蓄著標誌式的長鬍子吃漢堡，那津津有味的勁兒，讓人不必懷疑麥當勞的美味滋味。場合心情永遠是影響美味的第一要件，要一味的說麥當勞是速食，是低階的食物，倒也不必。

十多年前剛開放大陸探親，北京第一家麥當勞也才剛開幕，我在店門口，看到兩個向麥當勞飛奔而來的年輕老外，臉上盡是那種重見親人的喜悅。那時北京也還相當不國際化，即使是我們說中文的走進餐廳也往往好幾回還不得要領，你說要一碗白飯，服務生便問你要幾兩啊？於是絞盡腦汁，一直想小時候去市場買魚買肉時的單位怎麼算，總想找到個接近的單位說出來不至於太離譜的地步。因此那時很能想像那兩個老外在一般餐館受到的挫折，所以看到麥當勞如見親娘。可是我發現那兩個老外的喜悅沒幾分鐘就又被打敗了，他們在販賣處比手畫腳了好久，不知道又出了什麼問題，直到我快吃完（其實會走進去是因為要找一號），才看到他們端著食物坐下來，臉上不見剛才的喜悅，但終究是吃到了。當然，不出幾年這景象就大大改觀，北京麥當勞的服務生對那些川流不息的阿豆仔可是態度自然的和在美國沒兩樣。在異鄉找尋自己熟悉的食物氣味，是一種思鄉也是一份安全，麥當勞保證了一種口味，一種不會餓死的口味，只要你還有錢。

倒是我們，在時髦多元的台灣社會，這個移民大熔爐裡成長，反倒習慣了很多不同的食物。一位祖籍上海的朋友，每每和他約吃飯，都在台北那幾家數得出來的江浙館，當我聽說他在回到離開時僅襁褓中的家鄉時，我以為他一定去尋訪家鄉的美味菜餚，不料他返鄉歸來時卻對我說，他在上海幾天，去的館子是永和豆漿、麥當勞，喝的咖啡是Häagen-Dazs、真鍋咖啡。我驚訝得說不出話來，問他怎麼會這樣呢？他說他一個人，進館子點菜吃飯很奇怪，想吃碗麵什麼的，卻突然想念起台灣的食物，家鄉變成了異鄉，一個人流離失所，唯有熟悉的麥當勞、永和豆漿是依靠。

連鎖店給了我們熟悉和安全，卻必然取代了某一種過去。二十年前，去紐約旅行，迷戀上那裡的東村、格林威治村和蘇荷區，每天傍晚，不論是在那裡工作、念書、流浪或旅行的朋友，不必相約，就會準時出現在某幾個特定的街口、咖啡館、藍調pub、畫廊或是公園一角。二十年後，再去格林威治，熟悉的咖啡店全不見了，只見一家家不想進去的Starbucks、西雅圖咖啡、和時髦的義大利風熟食店。那些店不是不熟悉，可是它不存在浪漫的回憶裡，也許那些個人風格店的消失，卻反倒留住了一種永不消褪的青春。如果，格林威治還留存在那個年代，那個調調，撫今追昔的感傷，會是狼狽而不只惆悵。

確實，我在朋友的母親家看到他們家常的菜餚就和童年時我家餐桌上大盤小盤擺滿一桌的情況相似，親切感中卻也帶有一些淒涼，我明白他年邁的母親還活在過去的時代裡。

味蕾的感覺無法留存在具象的形態中，卻永恆存在記憶裡，那幾個春日陽光午後的氣味，依然時時浮現在我的生活中，永不消逝。

母親與西瓜

母親吃西瓜不論季節，許是因為她有喉嚨痛的老毛病，每回她說：「我的喉嚨狗狗叫。」就是她感覺喉頭不舒服要找西瓜吃的時候了。

江浙人似乎天生體熱，很怕火氣。母親酷愛吃清涼的食物降火，尤其對於西瓜，幾乎到了一種迷信的地步。母親吃西瓜不論季節，許是因為她有喉嚨痛的老毛病，每回她說：「我的喉嚨狗狗叫（音譯，是不是上海話我就不知道了）。」就是她感覺喉頭不舒服要找西瓜吃的時候了。

母親買西瓜實在是一絕，她和市場口那個賣水果的老頭兒就像一對老冤家，就我看來，他賣了她幾十年又貴又不好吃的水果，她卻買了他幾十年的水果，從他中年買到頭髮斑白，其中我母親最常買的就是西瓜，只要是一個（或半個）吃完，就立刻補貨。可是儘管我母親是一個那麼忠實的老顧客，賣水果的老頭卻從不對她客氣，往往拿最不怎麼樣的水果給她，母親有時候吃到生氣，便捧著個大西瓜跑去找他算帳。母親的算帳方法很特別，往往把爛西瓜往他攤子上一丟，說一聲：「喏，請你吃。」人便跑到市場裡去買菜了，而那老頭兒便看也不看的把西瓜往他身後的垃圾桶一丟，兩個人一送一丟挺順的，等我母親從市場兜了一圈出來，回到水果攤，老頭兒便會拿出一個新的西瓜給她，而我軟心腸的母親，便會又買了一大堆其他的水果，總之羊毛出在羊身上，其他的水果算起來就相當貴了。

母親年紀大了，抱不動西瓜，就差我把爛西瓜送去給老頭兒，她交代我要學她的樣兒，把西瓜拿去請老頭兒吃，臉皮薄的我總做不出來，每每說了半天，只能說到，我媽媽說這個西瓜不好吃，老頭兒便換一個給我，不過還是照收我的錢，我回去稟告母親之後，她也不囉嗦，不怪老頭兒，只怪她女兒怎麼那麼沒出息。其實依我看，不論是我還是我母親，都沒有占到老頭兒一絲便宜，只是算法不同罷了。

雖然我很生氣那老頭兒賣的水果太貴，可是也真拿他沒辦法，因為那是住家附近唯一打電話就可以叫貨的水果店，母親年紀大了，常常沒有體力出門買菜，我們也沒有辦法二十四小時陪她，她用電話買水果，有時也託他買些其他的菜色，老頭兒或者他徒弟都是母親可以放心讓他們把貨直接送進廚房的人。不過後來老頭兒也老了，他把水果店收了，母親卻彷彿失去了一個什麼好友，沒什麼人可以和她做個買賣，再鬥嘴鬥上好幾天的。

老頭兒不賣水果，但仍是住在街上，我們還是常在街上看到他騎著往日那輛送貨的腳踏車晃來晃去，他那時就變得親切多了，少了做生意時計較的臉色，會和我們打招呼。

市場的水果攤收掉了之後，裡面的菜販子也一個一個收攤了，老一代的做不動了，年輕的不想接手，後來僅只剩了幾個小攤，母親總是用電話買菜，沒看到實體，電話裡想到什麼就點什麼，常常買了一堆搭配不起來的菜，姊姊和我要下廚時，總要對著一冰箱的奇怪材料不知怎麼辦。

老頭兒的水果攤沒了，可是母親卻還是想吃西瓜。西瓜在台灣還算是普遍的水果，只要是春夏秋三季都還好辦，但是冬天可就慘了，她說要吃西瓜，我們就愁眉苦臉，想移民去嘉義、宜蘭還是什麼地方，不過移民尚未成功，她卻總有辦法先找到西瓜。

冬天的西瓜大多不好吃，切開來白白的，她就說當藥吃嘛，問題是藥丸一口就吞下去了，難吃的西瓜沒那麼容易下嚥，更何況她吃東西永遠只吃幾口，不多吃，那剩下的西瓜就成了全家的大災難，高價買來的西瓜總不能隨便丟掉吧，只好大家你一塊我一片努力解決掉，偶爾將它榨成汁，不甜又不甘願加糖的西瓜汁實在也不怎麼樣。後來我告訴我的一位好友說我媽愛吃西瓜，她每每在歲末寒冬之季，開著車子，一間間水果店去詢問，總有辦法找來還不錯的西瓜，很會巴結我媽。

母親迷信西瓜之外，還有就是台灣的甘蔗。母親一直有扁桃腺腫大的毛病，所以老是在找清火的食物。小時候每到夏天，她就煮一鍋荸薺甘蔗湯。首先將荸薺洗淨、甘蔗切成小段再對破四份，和荸薺一起連皮煮，煮了一鍋紅褐色的水，要我們喝，說是有清火化痰作用。甘蔗荸薺煮出來的湯果然又香又甜，一會兒就被我們喝光了，剩下一顆顆沒剝皮的荸薺和一節節沒去皮的甘蔗，就是我們的點心，我們懶得拿刀一個個削來吃，往往圍著垃圾桶便啃起來，就用牙齒啃，要啃完那鍋還真不容易，可是每次也都這麼啃得乾乾淨淨。

母親另有一道清火祕方，就是將綠豆洗淨，用水煮開，一煮開就關火，然後喝那清爽沒放糖的綠豆湯。小時候覺得那湯汁淡而無味，很不愛喝，母親又說，就當作藥來吃吧。明明是好吃的東西，要當成藥來吃，這不找麻煩嗎？

偶爾枇杷季節，她也把枇杷皮剝了，燉冰糖吃，或是盛夏時分，院子裡的曇花開了，便在它最盛開的時候剪下，同樣和冰糖燉來吃，秋天時就用去皮的梨來燉冰糖，據說都是對肺有助益。

雖是這樣，母親卻不大懂食補，一碗豬肝湯就是最補的菜，後來飼料豬出籠，大家都說少吃豬肝，肝臟會將不好的化學成分都吸收進去，母親偶爾買塊豬肝回來，我就氣得要命，她說補一補嘛，我就說那是毒藥啊補什麼補，母女又是一場鬥嘴。

其實家裡很少補這補那的，母親只知降火，很少熱補，就算是我們姊妹嫂子生孩子，母親也沒有弄過什麼燉補的中藥材，也許是家裡餐桌一向營養豐富，從來不覺得缺了什麼，我也一直對那些補品的味道頗不習慣。

記得讀中學時一次被老師叫到她家去補課，剛好碰到冬至，台灣人的大補日，老師的媽媽大概看到我瘦瘦乾乾的，那個年代被聯考整得誰不是那可憐兮兮的樣子，她便端了一碗中藥材燉的大補湯來給我。那絕對是最精華最補的一碗，可是老天，那摻了不知什麼藥材的，我遠遠聞到那氣味便想吐了，但那情況能不吃嗎？我勉強吃一口，便趁老師沒注意到就把它吐在手帕上，我當然知道那是昂貴的材料燉出來的，窮人家想死也吃不到的，可是那氣味實在是難以下嚥，直到現在老師的名字都忘了，那氣味卻依稀記得。不過二十年後，人生閱歷畢竟是多了，口味也變得更開放，麻油雞、枸杞雞、當歸鴨、四神湯、四物燉鱸鰻、新加坡肉骨茶什麼大補湯統統來者不拒，而且也學著煮，以前覺得難以下嚥的氣味，現在倒覺得香氣誘人。

本來就是，法國菜、義大利菜、印度菜、泰國菜、中東菜不都很敢嘗試，為什麼藥膳就不行呢？不過我知道有些人對口味的固執是永不改變的。有人出國旅行，一定要帶個電鍋，兩天沒有吃到白米飯就要發脾氣的。一位旅美多年的老友說，「我總覺得在美國沒有一天吃飽過。」他還抱怨美國漢堡，他說，「一個漢堡吃不飽，兩個又太多。」他每年一定兩三次回台灣來大吃大喝一番，補夠元氣，才心滿意足的回美國去幹活，這恐怕是當年懷著美國夢到美洲大陸去的他們所沒有想到的。

母親幸好住在盛產西瓜的台灣，雖然枇杷、甘蔗都被她燉來吃，還沒有把西瓜給下鍋了。說到水果做食材，和其他的菜色混在一起烹煮，最著名的應該是鳳梨吧。鳳梨炒肉、鳳梨炒飯、鳳梨燉湯似乎都是很開胃的菜色。廣東人的木瓜燉奶，做點心也很有特色。不過木瓜做食材，則大多是作為調味料，木瓜拿來燉肉是因為其中有木瓜素可以把肉快些燉得爛。不過母親似乎不曾這麼做過，頂多只在炒牛肉片上灑上一些木瓜粉，保持肉片的鮮嫩度。

我不記得母親用過什麼水果來做菜，頂多在沙拉裡加些蘋果。她吃的水果仍是涼性的多，荔枝、芒果、葡萄、櫻桃都是幾顆或少量，我貪吃不肯節制，每每一吃就上火，喉嚨痛得哇哇叫，直向她抱怨讓我遺傳她的熱體質。不過我吃螃蟹時就比別人略勝一籌，廣東人吃螃蟹，吃完一定喝杯薑湯，一位朋友說他有次多吃了一些，竟臉色發青，快要昏倒，我倒是一點也不怕螃蟹吃到胃寒。

除了對西瓜、甘蔗情有獨鍾，秋天的時候，母親最愛吃柿子。「柿子撿軟的吃」，這句話不知是哪裡的俗語，母親真就愛吃軟柿，軟軟爛爛的柿子，她可以小心翼翼的剝去外皮，留下薄薄的皮膜包住果肉，年幼的孫兒仍不知她剝皮的辛苦，拿起來就往嘴裡塞，母親欣喜地看著他們貪食的饞相，尤其是咬到中心那一個軟核發出來「嘰嘰咯咯」的聲音時，很滿足的笑起來。

母親過世之後，我也搬離了和她同住了三十多年的那條街，最近路過原來每天母親去的那個小菜場（母親都這麼稱呼那個菜市場），原有的菜攤子一個一個都不見了，竟然變成一個賣古董的市集。放眼望去，年輕的雅痞族、觀光客在那裡走動，那些從前賣菜賣肉賣水果的街坊鄰居到哪裡去了呢？記得母親年紀大了之後，偶爾走到市場裡，和我同樣在那條街上長大的，賣菜的小姐總是先洗個大大紅紅的番茄塞在她手裡。我還記得賣豬肉的老闆出來選里長時，家家戶戶給他敲鑼打鼓的熱鬧。還有當選之後，喝得滿臉紅通通的來給母親謝票。

小菜場沒了，街上冒出一家家的新餐廳，也間有幾間水果店，每每經過那裡，看到鮮紅欲滴的大西瓜，總也撫今追昔，免不了感嘆一番。

隱藏的滋味——江浙菜

江浙菜在中國南方菜系裡是屬於比較複雜的菜系，不論是做菜的程序還是品嚐的方法，在赤油濃露之下，口味是隱藏了多層滋味的，很少有一道菜魚是魚肉是肉的……

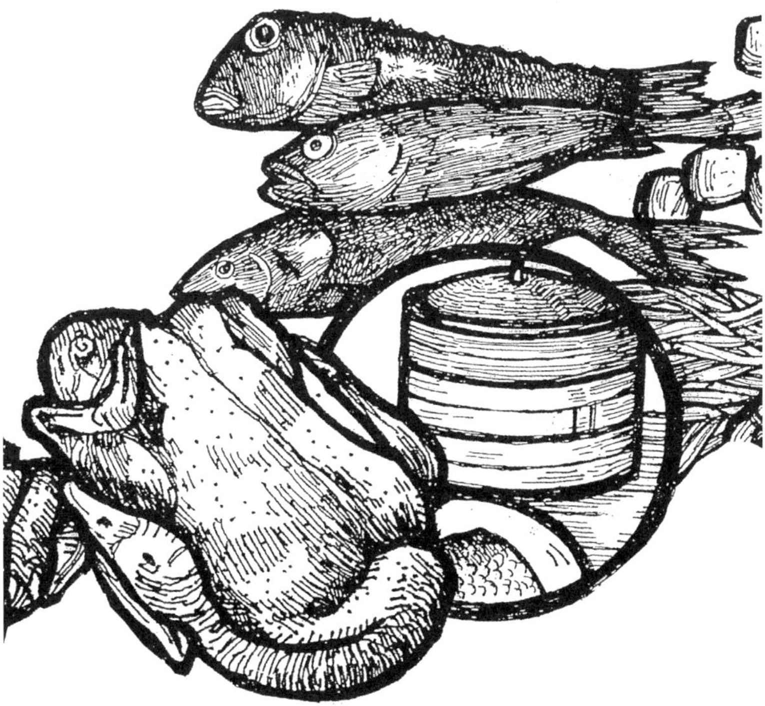

俗話說，吃要三代。也許江浙地區富裕得早，所以江浙菜能及早登得上檯面吧。從袁枚的《隨園食單》以及《紅樓夢》，自清代開始就有江浙菜譜的記載，其記載之多步驟之繁瑣，雖然缺少現代化食譜中的圖片或影像，但是文字的描述就足以引人入勝。

在台灣的各大飯店中常駐的餐廳，幾乎不會漏了的就是江浙菜館，近年來江浙菜似乎坐穩中餐裡主流菜系的地位。一種菜系經過百年以上，多人花下心血的精心研究調製改良，留下的終究是有些名堂的，這不是替江浙人說話，事實上，我更贊成「口味不容爭辯」這個概念。

江浙口味究竟是個什麼口味？有哪些特色？依一般人的印象是「赤油濃露」，那些外觀深褐色、醬汁甜鹹等味全混在一起的菜餚，也許不能道盡江浙菜的全貌，但是卻也八九不離十。泛泛說來，江浙菜包含的範圍相當廣，包括上海菜、無錫菜、杭州菜、紹興菜、寧波菜、揚州菜、蘇州菜等等，每個地方又有不同的風味，無錫菜帶甜、寧波菜口味重、揚州菜以燜煮為主，蘇州菜以船菜出名、細小精緻、杭州菜講快火爆炒，紹興菜善烹製河鮮。

說到江浙菜的地域，則包含了長江出口、淡水湖分布的各城鄉小鎮。也許是因為這個地區的經濟活動、政治活動、文化活動頻繁的關係，人的流動性高，文化交流也自然變多，其所涵蓋的面向是相當的廣泛，也許就像很多人說他是上海人，其實真正的本幫上海人並不到百分之十，百分之九十其實是上海周邊的各城鄉小鎮的人。

這幾年，拜上海風之賜，江浙菜似乎更顯拉風了起來。基本上，我覺得江浙菜在中國南方菜系裡是屬於比較複雜的菜系，不論是做菜的程序還是品嚐的方法，在赤油濃露之下，口味是隱藏了多層滋味的，很少有一道菜魚是魚肉是肉的，大部分是經過多道加工處理之後，魚早不是魚、肉也不只是肉，魚裡面可能隱藏了肉、肉裡面又暗藏了魚，表面上看似魚看似肉，仔細品嚐，卻有不可思議的眾多繁複的滋味在其中。

細數江浙菜的名菜相當不少，有所謂四小件、四大件、八小盆、八大盆的，其實四小件就是四樣小點心，四大件就是分量大些的大點心，八小盆就是八樣小菜、八大盆就是八大樣熱菜。四小件常見的有蘿蔔絲餅、春捲、銀絲捲、燒賣、蟹殼黃及各類酥餅等等，大件的點心，可能就是八寶飯、芋泥豆沙、酒釀湯圓、炒年糕等大件頭的，端看數量和當天在餐桌上的比重。所謂八小盆是可以預先做好的冷菜，例如說烤麩、蔥烤鯽魚、油燜筍、雪菜百頁、色澤美麗講究醃製過程的水晶肴肉、寧波菜之中的醉蟹還有紹興醉雞等等。八大盆就是所謂的主菜了，著名的有紅燒黃魚、紅燒下巴、揚州菜系中以手工剁出肥瘦豬肉比例適中的揚州獅子頭、也是以刀工取勝的雞肉乾絲，無錫菜之中的無錫排骨和冰糖肘子，紹興菜之中的乾

・春捲・

∴ 材料

春捲皮　一斤
韭黃　兩把
肉絲　約一百元
蝦仁　半斤
蔥花　少許
胡椒
米酒
太白粉

∴ 做法

1. 韭黃去皮洗淨。
2. 肉絲加米酒和太白粉拌勻爆炒。
3. 蝦仁剁碎，但別剁爛，再加米酒和少量太白粉拌勻爆炒。
4. 起一油鍋放入韭黃、爆炒過的肉絲、蝦仁和蔥花，加鹽、胡椒調味。
5. 將韭黃等炒好的材料瀝乾放涼後當作內餡。
6. 在春捲皮中放瀝乾水分的內餡材料，將之捲起再下大油鍋炸至金黃。

菜燜肉、寧波菜系的鹹魚蒸蛋、杭州菜之中的西湖醋魚、東坡肉、炸響鈴兒、韭黃鱔背、龍井蝦仁等等，這些都是出名的菜色，此外醃篤鮮、二筋一白(兩種麵筋類的豆製品和白菜或百頁)、以及家常式的蘿蔔絲鯽魚湯，都算是常見的湯品。至於現在江浙菜館裡的砂鍋，應該是綜合了各地的湯品，發展出來的南北合。

江浙菜中，魚鮮類占了很大比例，應是上海附近有多個水鄉和有湖的城市吧。湖鮮是江浙菜之中最重要的材料，如陽澄湖的大閘蟹、以及池塘裡的毛蟹、小到拇指大的河蝦、鱔魚、鰣魚、草魚等，另外一些是屬於海鮮或河海交界地帶的產物，如黃魚等。此外也許是水質好，還大量用到豆類製品，如百頁、烤麩、油豆腐、麵筋等等。

至於烹調方式中，紅燒占很大比例，紅燒即是在食材中加了醬油燜煮，香醇的豆瓣醬油和冰糖是兩樣法寶，此外一鍋高湯也是必備的材料。

不論是紅燒還是清燉燜煮的菜色，將這幾種材料加進去，江浙菜的基本味道就出來了，這也許和做菜中用味精的意思差不多，而且不論是魚是肉，甚至是青菜，都可以這麼的淋上一兩匙豆瓣醬油或高湯去燴煮一下。記得小時候父親教我唱的童謠有幾句很有意思：「搖搖搖，搖到外婆橋，外婆說我好寶寶，給我一塊糕。糕太甜，鹽沾沾；糕太鹹，糖沾沾。」這童謠後幾句很有意思，說的不就是江浙菜的特點嗎？糖和鹽可以這樣混用的，甜甜鹹鹹的味道，基本上就是江浙料理的基本口味。

不過江浙菜之中的高湯，是以雞高湯為主，顏色較清，偶有一些會再加火腿骨去熬，純以豬骨或牛骨熬的高湯比較少見，因此口味上還是清雞湯式的。一些講究的雞湯，是以數隻雞不加水去蒸出來的，顏色仍是清澈見底，白色的濃湯並不多見。不過有些湯羹類的煮法，在起鍋前，會打個蛋白加進去，讓顏色漂亮些。

至於紅燒菜色之中，無錫排骨、冰糖肘子、烤方、東坡肉、紅燒黃魚、蔥烤鯽魚、鰲魚㸆肉等，無一不是用這些調味料燉出來的，其中的差別就在材料哪樣該先下哪樣該後下。調味料也並非一股腦全一次加足，更重要的是火候的掌握，大火小火如何控制、何時起鍋，舉凡紅燒的菜色，我的做法很少是一次完成，一定是經過數次的煮沸、下料、收乾、起鍋等程序，讓醬汁能入味卻又不至於死鹹死甜的。

而更多的講究是在表面材料之外又加添了一些暗藏的材料。我們看《隨園食單》之中烹煮刀魚，「用蜜酒釀、清醬，放盤中，如鰣魚法蒸之最佳，不必加水。如嫌刺多，則將極快刀刮取魚片，用鉗抽去其刺。用火腿湯，雞湯，筍湯煨之，鮮妙絕倫。」一條魚經過如此繁複的處理過程，吃到嘴裡是個什麼樣的滋味？我們再看，《紅樓夢》之中，劉姥姥吃到的那盤美味的茄子，表面上是一盤茄子，其實裡面加添了雞油、雞胸肉、蘑菇、核果、新筍、五香豆乾、雞爪子等等，是眾多根本看不見的材料去煨去蒸去燜出來的。

江浙菜就是這麼不怕麻煩，也頗自豪的希望吃菜的人也能細細體會出箇中滋味，這當然也和江浙人含蓄婉轉而複雜的性格有關，這是歷史文化的包袱。我們在飲食中也處處可見這樣的顯現。隨便一塊豆腐也要展現功力，江浙菜中大量出現豆類製品，也許就是因為豆類製品耐煮、耐燉，一塊豆腐，可以吸進高湯中的全部精華，例如說醃篤鮮，例如說二筋一白，其中的百頁、腐皮捲會那麼好吃，當然因為高湯裡的火腿、醃肉、雞骨等等熬出來的滋味。再看有名的上海稀飯——雞粥，一碗白白的稀飯，看似普通，其實是用去油之後的清雞湯去燉出來的，不過現在好像只是在白稀飯上頭淋一點雞汁上去。又例如刀魚麵，往往看不到刀魚，只是用刀魚去煎過之後再去慢火熬出來的湯去下的麵，麵端上來可能只看到幾綴鹹菜，或一兩片菜葉，如果要問刀魚呢？肯定是會被上海人笑老土的。

江浙菜中細緻的部分，除了烹調過程複雜，前置作業也是重點項目。材料的處理上，下手要狠，例如熬高湯的老火腿，火腿要老才有滋味，但卻不能有腥味，因此即使是用來熬湯的材料，一定也是上選，色澤暗紅陳腐的部分要剔掉，否則會熬出一鍋有腥味的湯頭，那麼接下來就不可能燉出好東西。

有些江浙館就很講究選材，例如蔬菜，一定取最細嫩的部分來用，清炒豌豆，這樣一道名稱普通的菜色，好不好吃就全看取材是否細緻，一粒粒鮮豔清爽的細粒豌豆，在選材時，不只是挑最嫩最細的豌豆，還要將一片片豌豆去皮，只留中間的豆仁炒來吃。至於做配菜的青江菜、冬筍等，也都是剝到只剩中間的菜心部分，蘆筍則削皮削到那麼筆芯似的嫩枝，紅燒牛肉，只選牛前腿肉花腱中心的部分，蝦子只挑河裡小拇指大的幼蝦，這些材料怎能不好吃呢？不過基於對食物資源的珍惜，這樣的取材，也許留在上個世紀的那個十里洋場就好了。

要熬出好滋味，除了火候材料，我一直以為數量也是重點。我做菜的時候，最不能掌控的是數量，江浙菜多要經過燜煮的過程，這一燜煮，如果數量不夠，就不能入味。例如說揚州獅子頭，有一次過年，我分了幾個做好的肉丸子給朋友，請他自己加白菜去燴煮，結果他說捨不得一次吃完，所以把丸子冰在凍箱裡，一次拿兩粒出來燉白菜。朋友那麼珍惜我送他的肉丸子，可是我很想對他說，兩粒肉丸子燉不出好味道的白菜。是的，有些時候數量就是美味，難怪那麼多人愛吃菜尾，試想兩隻腳尖怎麼可能燉得出好吃的紅燒豬腳呢？我常常做菜一做一大鍋，一方面懶，總想一次煮幾天份的菜，另一方面就怕太少了入不了味，可是往往一餐吃不完第二餐再吃，兩餐吃不完吃第三餐時已經辨不出原型，因此惹得家人抱怨。

經過那麼複雜的烹煮過程，江浙菜的菜色味道也許十分了得，但是以現代觀念來說，在排盤陳列上的賣相卻很不好看。江浙菜宴客講究菜的樣數，每餐不怕麻煩的擺了一桌子，鍋碗瓢盆洋洋灑灑一定要擺到桌子放不下，每盤每碗卻可能吃不到幾口，可是就要那麼擺著、熱著。

可是以基本烹調法來說，不少菜經過蒸煮燉燜等多道程序，再這樣一熱再熱，外形大多已經走樣。從外表看，那些湯湯水水、爛糊軟熟的菜色，盛到碗盤裡，多半東倒西歪，色澤暗糊，不成原型，所以江浙菜只能用盆裝或碗裝，最起碼也是有深槽的盤子，現代化眉清目秀的西式餐盤似乎就不大合用。可是若是在一些標榜江浙菜的雅痞餐廳裡，我們看到它換裝了美麗明朗的西式餐盤，卻先天上就覺得那些菜不夠地道，因此如何讓美味與視覺兩者兼真，也許江浙菜在裝盤上得研究一套屬於自己菜系的餐具，讓菜色的陳列更誘人、更現代、更健康一些。

然而不能否認，江浙菜細緻的一面就是經過這種種程序，暗藏在菜色之中，那些隱藏的滋味，是廚師和食客之間不言可喻的絕妙交流。做一餐飯，就像做一件藝術品，而那藝術的呈現，不在表面，不是冰雕花飾，是一口吃下去心知肚明功力用在什麼地方了。

當然江浙菜也不全是燉煮，爆炒的火候也是廚師展現功力的時候。例如說韭黃鱔魚、雪菜百頁、醬爆肉絲、腰果蝦仁等等，又要鮮嫩又要入味，沒有兩下子，是炒不出個樣子的。當然清蒸也往往是展現功力的時候，西糊醋魚，沒兩下子，蒸過頭或不熟都會很慘，尤其還要一邊做醬汁，一邊要保持熱度，手腳可是要俐落些的。

江浙菜大盆小盆超多的，由於大部分的滋味都隱藏在菜色之中，因此不像台菜、粵菜幾乎很少有什麼特別的醬料，甚至在烹煮過程中，也很少放重口味的蔥、薑、蒜、香菜、辣椒等調味料。偶有搭配醉雞的沾料會用到一疊薑絲白醋、吃河蝦的時候用一些紹興醋或酸醬油，幾乎只有某幾樣炸的菜色，如用豆腐皮包絞肉和荸薺再下去油炸的「響鈴兒」才會搭配些醬料，而這醬料也仍是八九不離十用的是豆瓣醬去做成的。

豆瓣醬或甜麵醬其實和日本料理的味噌有同樣的意思，都是以黃豆或米發酵釀製出來的。八寶辣醬即是用肉丁、筍丁、豆腐乾丁、毛豆仁等和豆瓣醬及甜麵醬燴煮的炸醬，基本上是下飯的菜色，和北方人和麵吃不大一樣。江浙人並非不吃麵食，但是做法和北方人不同，所謂的「上海麵」一大都是細細的煨麵，就是麵條過水之後又回麵湯裡再增煮一次，所以麵條都軟軟的，江浙人覺得入味，北方人大概就覺得太爛沒有咬勁。

說到上海麵，最典型的代表是雪菜肉絲麵，雪菜肉絲爆炒過後加水煮開，再將細麵過水後同煨，至於榨菜肉絲麵、蝦腰麵或鱔糊麵，也都是同法烹調，可以做點心吃，即使主餐吃麵，可能也還是少不了幾小盆還是什麼的。不過新上海麵，倒也都流行麵和澆頭分開來放。

江浙人也許是很早就奉行少量多餐（或者要加個多樣）的原則，所以餐與餐之間愛吃點心，所以江浙小點也很出名。其中油豆腐細粉應是代表作，其實說穿了，油豆腐細粉也就是二筋一白的縮小版，只是湯頭講清，不用高湯，放了些榨菜等爽口的材料。其他也有類似北方人的麵點，但是因為用了不同的材料，做出來風味也不同，例如說用薺菜、冬瓜、蟹黃這些南方特有的季節材料做成的蒸餃、燒賣或是小籠包什麼的。不過以點心來說，江浙人特別喜歡吃酥餅類的東西，其中最出名的是蟹殼黃，一種烤得酥酥脆脆的酥餅，鹹的裡面加了少許肉末，甜的放一點濃稠的糖漿，上面還撒些芝麻。另外江浙式的蘿蔔絲餅，是先將蘿蔔絲炒乾，再用酥皮包起來烘（類似乾烤）；此外還有棗泥酥餅、豆沙酥餅，以及餡料是用絞肉和榨菜做的眉毛餃等。

經過繁複的烹煮，大件小件大盆小盆的吃完，上好的毛尖龍井來一盅最好，雨後三瓣的細嫩毛尖，清淡碧綠，再配上一些糕點，核棗糕、椒鹽芝麻片什麼的，完美的餐點才算是真正的完成了。

目前在台北若要我推薦江浙菜館，我還是願意選擇推薦永康街的秀蘭小館，儘管有時候我們抱怨她的廚師狀況不穩定，餐廳服務不大專業，價格卻又遠遠超過家庭式餐廳，甚至比五星級飯店還高，但是秀蘭小館終究在選材和做法上有她堅持細緻的部分。

我對她的大菜，蘿蔔牛腩和砂鍋雞湯比較不感興趣，對她的幾樣爆炒的時令菜色一直是讚不絕口。一位朋友問我，為什麼那樣一盤青菜要那麼貴？我想那些剝皮去蒂之後的細嫩蔬菜，儘管身價不合理，欣賞的人在別處吃不到，到這裡也只好忍痛付錢吧。

此外中山堂旁邊的「隆記菜館」，老店老滋味，大碗且價位合理，那些服務多年的老伯伯也令人感覺親切，雖然比起來油多味重，但是偶爾會興起去吃一頓古早味念頭。至於大飯店內的江浙菜館，感覺上名不副實得多，興趣真的不大。

其他還有什麼好的江浙菜館呢？應該是有的，總是這家店裡某幾樣菜色特別出色或那家的點心細巧下功，待我們一起尋訪吧。

重現 國宴與家宴

「媽是這樣做的，媽喜歡那樣做」，我們用自己記得的步驟，嘗試著重現母親的味道，也推翻一些從前母親的烹煮方式，改良成自覺更好的調理方法。——王宣一

海參燴蹄筋
如意菜
豆沙芋泥

重現 國宴與家宴

掌廚——詹宏志　攝影——高琹雯

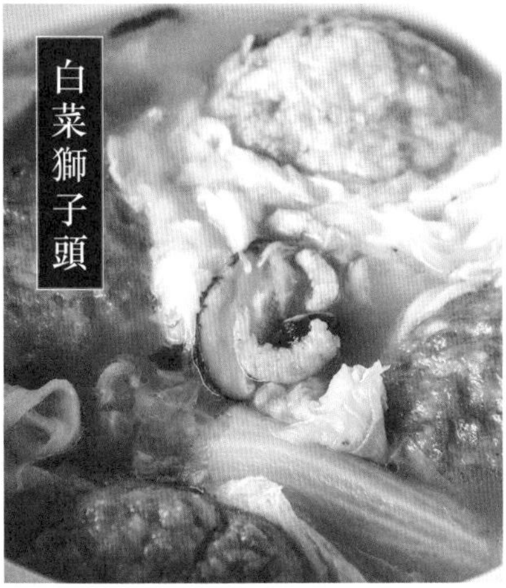

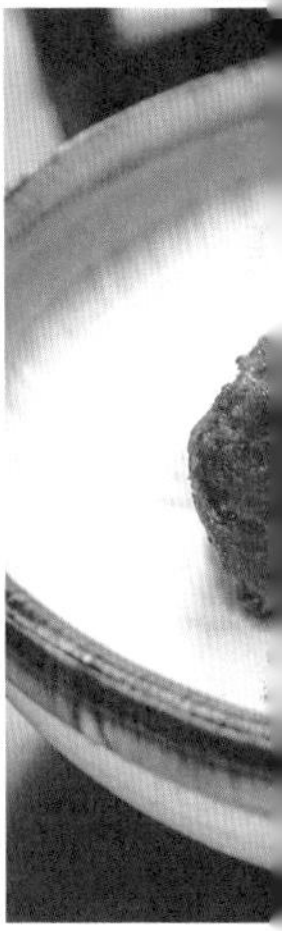

紅燒牛肉

「紅燒牛肉」本來是宣一母親的名菜，在親友間極受歡迎；後來宣一自己也做出了名號，很多第一次上家門的朋友都指名要嚐它，也有一些旅居國外的老友回國時嚷著要吃它，都說國外完全吃不到這樣的菜。

「紅燒牛肉」既簡單又麻煩，說它簡單是因為它沒放什麼神奇佐料（主要只用醬油和糖）或用什麼特殊手法；但說它麻煩是因為它的滋味全靠浸置而來，你要反覆煮開再關火，不斷翻轉檢查，直到牛肉牛筋都熟透近軟爛，通常要花三、四天時間準備，是個很費工夫的菜。

「紅燒牛肉」賣相極佳，煮好時透著油亮醬色，滋味絕美，充滿膠質，搭配白飯（而非麵條）最為合拍；宣一後來發展出用「紅燒牛肉」搭配日式蛋包飯，半熟滑嫩的雞蛋配上黏唇的甜美醬汁，是許多朋友喜愛的難忘組合。

材料　10～12人份

牛前腿腱子肉　5斤
牛筋　3斤
豆瓣醬油　400毫升
豆瓣醬　2大匙
紅砂糖（二砂）　4大匙

做法

第一天

1——先去血水：煮一鍋開水，分別放入牛肉及牛筋，煮滾立刻撈起，浸冷水。

2——牛肉與牛筋分兩鍋煮，放冷水蓋過食材，同時各加入200毫升醬油煮滾後再燉約30分鐘，邊煮邊撈除浮渣，放涼。完全放涼後，過夜時放冷藏。

第二天

1 —— 重新開火，牛肉與牛筋仍分開煮，煮滾後再燉約30～40分鐘，牛筋視爛度增加燉煮時間。此時各加入1大匙豆瓣醬增添風味。煮到用手捏有些爛還不太爛的程度後放涼。完全放涼後，過夜時放冷藏。

第三天

1 —— 牛肉與牛筋分別煮開後合併成一鍋，鍋中已富含膠質，必須不定時翻攪，確認沒有黏鍋燒焦。

2 —— 煮約10分鐘後起鍋前加入紅砂糖大火收乾，即可讓牛肉與牛筋漂亮上色。盛盤時透著油亮醬色，滋味絕美。

要訣

放涼的目的是以餘溫浸置，使牛肉慢慢熟透、入味。第二天之後若要再加醬油或水，請斟酌用量。

海參燴蹄筋

「海參燴蹄筋」是一道有巧妙口感的菜色，煮得熟度恰當時，海參和蹄筋都是充滿膠質和彈性的食材，而香菇和干貝則是賦予這道菜鮮味和香氣的要角，通常也需要一點雞高湯或火腿丁同燴來增添滋味。宣一母親喜歡用白參，而不是更名貴的烏參，她認為烏參太粗壯，白參則更為清雅細緻；宣一沿用母親的食材與做法，也把這道菜做得很有富貴氣。但近年白參難找了，我們有時候也只好改用烏參來代替。

材料

10～12人份

海參 3條
蹄筋 16條
花菇 6朵
冬筍 3棵
中型干貝 12顆
蔥段 少許
醬油 2大匙
糖 1大匙
鹽 適量
高湯 200毫升

做法

1——海參泡開洗淨切段，蹄筋切對半、花菇泡開後切片，冬筍切片、干貝泡開後撕成小塊。

2——海參、蹄筋先用電鍋蒸約10~15分鐘。

3 —— 起油鍋，先將蒸過的海參和蹄筋爆炒。待海參表皮略粗後，再加入其他材料及調味料燜煮10分鐘左右。

4 —— 加入蔥段稍微拌抄即可盛盤。

5 —— 上桌前可加點辣椒絲或青蔥絲點綴。

要訣

海參挑肉肥而厚者，先對切再切成約一口大小。

白菜獅子頭

獅子頭是很出名也很常見的菜色，宣一也有自己版本的獅子頭；重點在於肉丸子裡的肥瘦肉比例，宣一用的大約是瘦肥七三的比例，但加入雞的里肌肉，後來更混入了魚漿，增加它的黏性和Q度。「白菜獅子頭」另一個重點是大白菜，冬天大白菜季時，大白菜不切開大片鋪在肉丸子底下，燉煮至爛，味道與菁華都跑到白菜裡，常常大家吃完了白菜，獅子頭都還沒人動筷呢。

材料

10～12人份

製作肉丸子

絞肉　1斤
雞里肌　2條（剁碎）
魚漿　半斤
老薑　小半支（削皮切末）
荸薺　8顆（削皮切末）
蛋清　3顆
太白粉　適量
醬油　少許
糖　少許
鹽　少許
麻油　1小匙
白胡椒　少許

燉煮白菜獅子頭

大白菜　1棵
蝦米　1小把
香菇　3朵（泡開後切片）
高湯　300毫升

做法

1——將絞肉、雞絞肉、魚漿、荸薺末、薑末加蛋清及太白粉、鹽、糖、麻油、醬油和在一起做成肉丸，做肉丸時需左右手輪流拍打肉丸。

2 —— 取一空盤，盤底撒上薄薄太白粉，丸子上再撒太白粉靜置。

3 —— 定型：起油鍋至油滾後，放入肉丸子油炸。絞肉有水分，請留意噴油。

4 —— 炸至表面金黃色定型，香味四溢即可撈出。

5 —— 同時準備一湯鍋，將大白菜一片片完整剝開，鋪在底部，放入蝦米、香菇和肉丸後加入高湯、鹽開始燜煮。

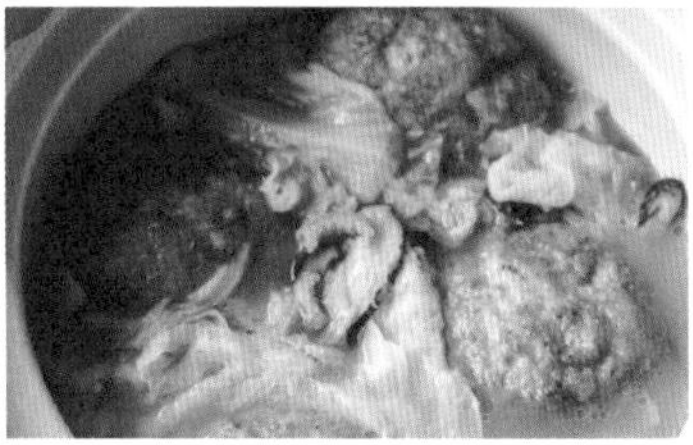

6 —— 燜煮20分鐘至湯色變稠即可起鍋。

要訣

製作肉丸時必須不斷地來回拍打肉丸，拍成球狀使其緊密，油炸時就不易散掉。

如意菜〔什錦菜〕

「如意菜」或「什錦菜」是宣一母親過年時必有的一道年菜，菜雖然簡單，卻很費工，十幾種材料都要細細切成細絲；宣一也常在過年時做這道菜，但她的工程更加浩大，常常廚房一時之間變成了工廠，一做就是十幾二十個家庭份量，做好之後分成一包包，一家一家送到朋友家，大家都覺得年味到了。她常常這樣做「如意菜」，也用同樣的精神和力氣做十幾二十甕的「佛跳牆」，或者做幾大鍋的「臘八粥」，她的目的是讓她的眾多姐妹好友回家過年比較輕鬆。

材料

10～12人份

花瓜　1罐半
迷你花瓜　1罐
百頁　半斤
醃薑　3條
豆乾　8塊
酸菜　3片
胡蘿蔔　1大根
方型油豆腐　10塊
黑木耳　6大片
黃豆芽　1大包
糖　2大匙
鹽　適量
醬油　1大匙

做法

1——除了豆芽菜以外，先將全部材料切成2~3mm細絲裝盤備用。

2 —— 起油鍋，先放入胡蘿蔔絲、豆乾絲、酸菜絲等的材料拌炒。

3 —— 炒至胡蘿蔔絲半熟後，依序放入黃豆芽、黑木耳絲、百頁絲、油豆腐絲、醃薑絲，拌炒三分鐘後，再放入花瓜絲，邊炒邊調味。

4 —— 直到所有材料均勻吸入調味料即可起鍋。

要訣

製作如意菜首重細緻刀功，須將材料切成2~3mm的細絲，也是練刀功的一道菜。

豆沙芋泥

「豆沙芋泥」是素樸美味的中式甜點，宣一也總是從零做起。先是炒豆沙，炒豆沙要站在爐火前四五個鐘頭，一面翻炒，一面下油下糖，非常辛苦，所以她一次要做五斤紅豆以上，後來甚至一次要煮二十斤紅豆；做好後分包凍起來，可以多次使用。然後再做芋泥，芋頭削皮切片，加油與糖蒸透，再將它細細搗碎成泥，通常她要讓芋泥篩過一百號細網，確保芋泥細滑如絲綢。本來豆沙和芋泥都用豬油來做，才能柔順透香，後來不敢多用豬油，則在蔬菜油中混用花生油，借花生油的香氣，仍然極受歡迎。

材料

10～12人份

豆沙　1斤半
芋頭　2大顆
糖　適量
花生油　適量
蓮藕粉　小半碗

做法

1── 紅豆沙於前一天炒好。先將紅豆煮至熟透，裝入布袋脫水。將脫乾的粉色豆仁放入鍋中，加入花生油與糖不停地拌炒至深色即完成。

2── 芋頭去皮切片，連同花生油及糖放入電鍋中蒸熟蒸爛。

3 —— 將尚熱的芋頭杵磨成黏稠泥狀，一邊搗磨一邊調整甜度。

4 —— 取適當大小盤子，盤面抹上花生油，先將豆沙鋪於底部約1公分厚，上面再鋪上芋泥。

5 —— 蓮藕粉以清水調開，倒在鋪好的芋泥上即可放入電鍋蒸約12分鐘。

6 —— 上桌前可以刨點檸檬皮點綴。

要訣

原使用豬油拌入餡料，才能柔順透香，為講求健康我們使用花生油，香氣依然不減。

文學森林 LF0066

國宴與家宴

作者

王宣一

東吳大學中文系畢業。作家，曾任記者。

曾在報社擔任編輯記者，離開媒體工作後從事文字創作，一九九〇年起開始發表作品，連續兩年拿下聯合報文學獎。隔年出版首部短篇小說集《旅行》，之後陸續完成《少年之城》、《懺情錄》、《蜘蛛之夜》、《天色猶昏，島國之雨》四部小說。她的作品捨棄花俏絢麗的文字和繁複的敘述，選擇把故事說清楚：「我不想寫特別的事物，我喜歡一般的、很生活的東西，特別情節總會把故事的重點模糊。」

二〇〇三年在中國時報發表了追憶母親的散文〈國宴與家宴〉，引起廣大迴響，開啟另一創作途徑——跨足飲膳寫作。出身杭州世家的淵源，以及從小培養敏銳的味蕾，獲邀擔任台北亞都麗緻飯店天香樓顧問。同時間受邀在報章雜誌撰寫美食推薦專欄，為了真實呈現店家特色，以更貼近日常生活為出發點挑選餐廳，每一家店都有她默默來去的身影，最後完成有故事、有情感的《小酌之家》、《行走的美味》。

早期創作兼及兒童文學《青粿種子》、《九十九個娘》、《三件寶貝》、《丹雅公主》、《金瓜與銀豆》、《哪個錯找哪個》、《板橋三娘子》等。

繪圖

朱守谷

宜蘭人。從事美術設計教學三十多年，他不僅桃李滿天下，更是台灣廣告界的資深前輩，曾任職實踐大學與華威葛瑞廣告公司。

喜歡旅遊和小吃的他，走過四十多個國度，上過兩百家以上的館子。平時熱衷於蒐集木雕、刺繡、餐具、民藝品、名片、信封、信紙以及各式各樣的筆等等，現階段愛上印有貓的杯子……由於需要陳列的空間，是個會把家變得越來越小的男人。

朱守谷就是這樣一個不拘小節，又崇尚「小品」的生活家。他樂天知命，純真而浪漫。

封面設計 APU JAN
設計執行 詹修蘋
內頁版型 陳文德
責任編輯 陳柏昌
行銷企劃 陳彥廷、黃蕾玲
副總編輯 梁心愉
初版一刷 二〇一六年三月一日
二版一刷 二〇二二年十二月二十六日
定　價 新臺幣三〇〇元

ThinKingDom 新經典文化
發行人 葉美瑤
出版 新經典圖文傳播有限公司
地址 臺北市中正區重慶南路一段五七號一一樓之四
電話 02-2331-1830 傳真 02-2331-1831
讀者服務信箱 thinkingdomtw@gmail.com
FB粉絲團 新經典文化 ThinKingDom
總經銷 高寶書版集團
地址 臺北市內湖區洲子街八八號三樓
電話 02-2799-2788 傳真 02-2799-0909
海外總經銷 時報文化出版企業股份有限公司
地址 桃園市龜山區萬壽路二段三五一號
電話 02-2306-6842 傳真 02-2304-9301

ISBN：978-986-5824-55-6

國宴與家宴 / 王宣一著. -- 初版. --
臺北市 : 新經典圖文傳播, 2016.03
216面 ; 14.8×21公分. -- （文學森林 ; YY0166）
ISBN 978-986-5824-55-6（平裝）
1. 飲食 2 . 文集
855　　102021086